SEMIS ET MISE A FRUIT

DES

ARBRES FRUITIERS,

PAR

E.-A. CARRIÈRE,

Rédacteur en chef de la **Revue horticole**,
Ancien chef des pépinières au Muséum d'histoire naturelle.

PARIS,

LIBRAIRIE AGRICOLE DE LA MAISON RUSTIQUE,

26, RUE JACOB, 26,

ET CHEZ L'AUTEUR,

RUE DE VINCENNES, 140, A MONTREUIL (SEINE).

SEMIS ET MISE A FRUIT

DES

ARBRES FRUITIERS.

TYPOGRAPHIE FIRMIN-DIDOT. — MESNIL (EURE).

LIVRE PREMIER.

AU LECTEUR.

Le sujet que nous nous proposons de traiter : *Semis et Mise à fruit des arbres fruitiers,* est des plus importants ; aussi, avant de l'aborder, et précisément en raison même de son importance et de sa nature, devons-nous entrer dans quelques détails préliminaires qui, en laissant entrevoir le but proposé, montreront la voie qu'il faut suivre pour atteindre ce but.

Faisons d'abord observer que dans la nature tout tend à s'élever et marche d'après une même loi, loi fatale : du simple au composé, du sauvage au civilisé, pourrait-on dire.

En effet tous les êtres, végétaux ou animaux, suivent une marche analogue : ils vont en se perfectionnant, de sorte qu'aujourd'hui on peut affirmer qu'on ne possède plus aucun type primitif, et que ceux qu'on considère comme tels et qu'on rencontre à l'état dit « sauvage » sont déjà, eux aussi, extrêmement modifiés : nés de parents moins parfaits et bien moins adaptés qu'eux aux conditions nouvelles de milieux *qui changent sans cesse*, ils ont supplanté ceux-ci. Leur nombre, aussi, va constamment en s'accroissant, plus ou moins toutefois en raison de leur nature, jusqu'à ce que n'étant plus en rapport avec leur cause ni avec le milieu, ils décroissent, s'affaiblissent, puis disparaissent pour faire place à d'autres qui, à leur tour, auront le même sort ! C'est, du reste, la marche fatale à laquelle *rien* n'échappe et dont les entrailles de notre globe fournissent de nombreux et indéniables exemples.

Toutefois, devant nous limiter, nous bornons notre sujet aux arbres fruitiers, et comme d'une autre part nous ne pouvons remonter le cours des âges, nous devons poser des limites dans cet infini qui n'en a ni n'en peut avoir, et alors nous prenons comme telles, c'est-à-dire comme point de départ, ces prétendues espèces « sauvages » qui alors deviennent des types *relatifs,* c'est-à-dire les ancêtres des sortes qui actuellement peuplent nos vergers, et qu'on trouve encore dans nos bois : tels sont les poiriers, pommiers, cerisiers, merisiers, pruniers, groseilliers, framboisiers, néfliers, cornouillers, châtaigniers, cormiers, noisetiers, etc.

Comment ces types dits « sauvages » ont-ils produit toutes ces formes que nous voyons aujourd'hui, pourtant si différentes de ces mêmes types ? Par semis, répond la pratique ; le présent nous montre le passé, qu'il voile cependant.

Que révèle en effet l'expérience ? Que de graines récoltées sur un arbre considéré comme sauvage il sort souvent, même d'un premier jet, des formes très perfectionnées déjà, considérées relativement. C'est un fait qu'une négation quelconque ne pourrait même affaiblir, car tout fait s'affirme.

Du reste à tous ceux qui, soit par parti pris, soit

par toute autre raison, voudraient nier la marche
que nous indiquons, on pourrait dire : Essayez.

Mais, outre ces modifications obtenues par des semis successifs, il est une autre production de formes
nouvelles qui parfois même égalent en valeur celles
provenant des semis : ce sont les *dimorphismes*, sortes
de bourgeonnements ou de séparations qui s'opèrent
naturellement sur un végétal quelconque et font
que certaines de ses parties revêtent des caractères
particuliers que leurs parents ne possédaient pas,
qu'elles conservent et fixent et qui, alors, marchent
sur un pied d'égalité avec les formes issues de graines dont, au reste, on ne peut les distinguer. Ce
sont des apparitions *spontanées*, souvent désignées
dans la pratique par le nom d'*accidents*.

Cette marche générale ascendante, qu'ici nous ne
faisons qu'indiquer, nous espérons l'aborder un jour
« carrément, » comme l'on dit, et en faire ressortir
toutes les conséquences en la généralisant et l'appliquant, non seulement à tous les êtres, mais même
aux globes qui, considérés dans l'ensemble, ne sont,
à vrai dire, que des êtres d'une nature spéciale dont
la durée nous paraît infinie, parce que nous la com-
parons à notre existence qui, longue comparative-
ment à celle de l'éphémère, n'est pourtant relativement qu'une forme à peine perceptible si on la
compare à ce qui n'a ni commencement ni fin!.....

Décembre 1880.

SEMIS ET MISE A FRUIT

DES

ARBRES FRUITIERS.

CONSIDÉRATIONS GÉNÉRALES.

Quand 'on réfléchit que les ouvrages sur l'arbori-culture fruitière sont tellement nombreux qu'il n'est pour ainsi dire aucune partie de cette branche du jardinage qui n'ait son traité spécial, on a lieu de s'étonner en voyant que le livre concernant la pro-duction et l'éducation première de ces arbres, et qui par sa nature semblait au contraire devoir les précé-der tous, fait encore défaut.

En effet, pour pouvoir tailler et diriger des arbres, il faut d'abord en avoir, ce qui, logiquement, impli-que l'obtention de ceux-ci.

Quoi qu'il en soit, et quelle qu'en soit aussi la cause, il y a là une lacune que nous allons essayer de combler. Comment ?

Le meilleur moyen, selon nous, celui que semble indiquer la pratique, c'est, pour chacun des groupes d'arbres fruitiers, de commencer par un examen de ses graines et de leur nature, puis d'en tirer des déductions et, alors, suivant les cas, de faire l'application de celles-ci à l'obtention et à la direction des arbres.

Faisons d'abord remarquer que tout végétal, de même que tout animal, n'est apte à la reproduction qu'après un certain nombre d'années, en rapport avec sa nature. Néanmoins, comme c'est parfois moins le fait des années que celui d'avoir acquis des propriétés spéciales qui, chez les végétaux, déterminent l'analogue de ce qu'on nomme la *puberté* chez les hommes, il faut donc essayer d'avancer ce moment et, à l'aide de moyens particuliers, chercher à provoquer des modifications dans leur organisme de façon à amener dans un temps, relativement court, cet état d'*adultilité* qui naturellement, c'est-à-dire sans le secours de l'art, eût demandé un temps beaucoup plus long.

N'étant pas assuré de jouir longtemps, l'homme doit chercher à jouir vite !

Est-il possible en ce qui concerne les végétaux, d'obtenir ce que nous demandons? Nous n'hésitons pas à répondre affirmativement. Comment et par quels moyens? A l'aide d'opérations qui, par des réactions et en déterminant la souffrance des arbres, produisent des modifications dans certaines de leurs parties et qui en occasionnent la transformation; tels sont le repiquage réitéré des plants, la transplantation des arbres, la suppression d'un certain nombre de racines, les torsions, l'abaissement, l'arcure ou l'enlacement des branches, le pincement des bourgeons ou des feuilles, l'effeuillage, l'éborgnage des yeux, la greffe, le martelage, etc., etc., toutes opérations qui, en principe, reposent sur une grande loi de solidarité qui, dans l'histoire du développement des êtres, constituent ce qu'on a nommé *balancement organique* dont nous allons dire quelques mots.

§ I. — Balancement organique.

L'étude du développement et de la structure d'un être quelconque démontre qu'il y a entre toutes ses parties une loi qui les enchaîne et semble les limiter dans des proportions en rapport avec la symétrie harmonique de l'ensemble. Aussi, pour bien comprendre, ou du moins pour se faire une idée exacte de ce qu'on nomme *balancement organique*, nous paraît-il nécessaire d'entrer dans certains détails sur l'organisation des corps, afin de pouvoir se bien pénétrer de cette vérité que, quel que soit celui qu'on examine, et quelle qu'en soit sa nature, il est composé d'une infinité de parties qui, reliées entre elles, forment un tout tellement complexe qu'on ne peut guère toucher à l'une de ces parties sans ébranler plus ou moins celles qui en sont voisines. Or dans les corps organisés, végétaux ou animaux, où des parties infiniment réduites constituent des organes spéciaux : racines, tiges, feuilles, fleurs, etc., c'est sur ceux-ci que se manifestent les actions et réactions qui, alors, déterminent des modifications dont les résultats deviennent appréciables.

Pour rendre la démonstration compréhensible, nous allons prendre quelques exemples dans des parties bien définies, de manière que les faits et leurs conséquences ressortent bien et soient nettement ac-

1.

cusées par leurs résultats. Ainsi quand on supprime l'extrémité d'un bourgeon on enforcit les yeux placés à la base des feuilles de ce bourgeon, lesquels yeux très souvent même se développent en bourgeons ; si l'on opère sur un rameau on en fait surgir des ramifications. Ici l'*action* c'est la décapitation ou la troncature, la *réaction* constitue l'évolution de nouveaux organes sur les parties tronquées.

Dans la conduite des arbres fruitiers le balancement organique doit produire un équilibre relatif entre les diverses parties de l'arbre, non uniformément, toutefois, mais en rapport avec le but qu'on cherche à atteindre. Les moyens pratiques sont ceux que nous avons cités précédemment, c'est-à-dire la taille, le pincement, l'abaissement des branches, la suppression ou le raccourcissement des racines, l'entaille, l'incision, etc., etc.

Quelques mots maintenant sur chacune de ces opérations, moins toutefois pour les décrire que pour en faire ressortir les conséquences.

§ II. — Piquage et repiquage.

Le terme *piquage* qu'on emploie parfois est la première opération qu'on fait subir aux plants obtenus de graines et qui viennent d'être sortis de terre quand on les y remet. Pratiqué quand les plants sont encore très jeunes, c'est-à-dire à l'état tout à fait herbacé, il modifie ces plants, les rend plus robustes, partant plus propres à supporter les déplantations que plus tard, il pourrait être nécessaire de faire subir aux arbres (1). Toutefois, en raison de la nature her-

(1) Un homme dont la vie a été entièrement consacrée au bien

bacée des plants, le piquage exige parfois certaines précautions particulières, par exemple à protéger un peu les plants contre le soleil, à les arroser et même à les bassiner au besoin.

Le *repiquage* est une opération à peu près identique à la précédente, au *piquage*, dont on peut dire qu'elle est une répétition, mais alors pratiquée sur des sujets plus vieux et qui ont subi le piquage.

Suivant la nature des plants on peut pratiquer le repiquage une ou plusieurs fois dans la même année ; on peut aussi chaque fois, si les plants sont très vigoureux, les faire souffrir soit en leur enlevant une certaine quantité de racines, soit même, si cette vigueur était excessive, en les laissant pâtir plus ou moins avant de les replanter.

Avant de quitter cette opération, nous devons faire remarquer que pour les arbres fruitiers elle est très importante, car, en supprimant dès le principe toute la partie des racines placée un peu au-dessous du collet, qui n'est autre que la prolongation de l'axe en sens inverse, c'est-à-dire perpendiculaire, on pousse au développement de racines horizontales qui, par leur position rapprochée de la surface du sol, sont plus influencées par les agents extérieurs et alors mieux placées pour l'élaboration des liquides destinés à devenir la sève qui en se solidifiant constitue les diverses parties de l'arbre destinées à produire les fruits.

général, c'est-à-dire à faire des recherches en vue du progrès physique aussi bien que moral, M. Tourrasse, de Pau, a montré d'une manière indéniable qu'en repiquant les arbres dès leur première jeunesse, c'est-à-dire alors que les plantes sont à peine saisissables, et en répétant même cette opération, qu'il en avançait notablement la fructification.

§ III. — Transplantation.

Le mot indique la chose : *transplanter* c'est planter au delà, ailleurs; en un mot, planter de nouveau. Ce n'est guère qu'aux arbres très vigoureux qui, malgré les divers traitements qu'on leur a fait subir, menacent de s'emporter et ne veulent pas se mettre à fruit, qu'on applique la transplantation. Ces arbres rebelles sont arrachés, puis replantés après qu'on en a supprimé les racines et les branches qu'on juge inutiles ou nuisibles.

La transplantation peut se faire soit à la même place, soit ailleurs et dans des conditions différentes de celle où était primitivement l'arbre qu'on transplante, de manière à déterminer des perturbations dans son ensemble et de produire des modifications de certaines parties du sujet qui, de branches à bois qu'elles étaient, deviendront des branches à fruits.

§ IV. — Déplantation.

Opération presque identique à la transplantation, avec cette différence, pourtant, que le travail ne se fait guère que sur de gros arbres, *in extremis*, pourrait-on dire, quand à peu près tous les autres moyens pratiqués pour les faire fructifier ont échoué.

Le mot *déplantation* a été employé par beaucoup de gens au lieu du terme *arrachage* qui semble indiquer une opération faite brutalement et sans soins, tandis que déplantation semble exiger des précautions particulières en vue de la *replantation* qu'il sous-entend. On *arrache* un arbre ou une plante pour les jeter, tandis qu'en les *déplantant* on doit faire l'opération avec soin, puisqu'on doit les *replanter*.

§ V. — Suppression des racines.

La suppression des racines s'opère de deux manières : ou l'on fait une tranchée circulaire à une certaine distance du tronc de l'arbre, là précisément où ces racines se ramifient et donnent de la vigueur aux plantes — ce que l'on veut éviter — et alors on les supprime en tout ou en partie, ou bien l'on fait sur l'un des côtés seulement une tranchée assez profonde pour pouvoir couper les principales racines de la souche, celles qui font suite à l'axe de l'arbre, mais inversement, c'est-à-dire perpendiculairement, et qui vont puiser profondément dans le sol des éléments qui, soustraits à l'influence des agents extérieurs, sont considérés comme peu propres à faciliter la fructification. Alors les racines supérieures seules, par leur plus grand rapprochement de l'air et de la lumière, absorbent les principes aqueux déjà modifiés, lesquels, en se répandant dans les parties moins vigoureuses de l'arbre, concourent à les transformer et à en déterminer la fructification.

§ VI. — Cernage.

Le *cernage* est une opération assez analogue à la précédente, que dans certains cas l'on fait subir aux jeunes arbres qui s'emportent. Pratiquée opportunément, elle réagit sur l'ensemble, arrête l'élongation des branches qui alors prennent plus d'accroissement en diamètre. Comme ce travail se fait sur de jeunes arbres dont les racines sont placées peu profondément, au lieu d'une tranchée, on se borne à enfoncer tout autour du tronc et à une certaine distance de celui-ci, une longue bêche de manière à couper l'extrémité des racines. On peut au besoin répéter plusieurs fois cette opération.

§ VII. — Suppression des branches.

Ce n'est guère que très exceptionnellement qu'on a recours à ce procédé, excepté pour aérer des parties qui ne pourraient que difficilement se constituer à cause du manque d'air et de manière à en accélérer des modifications dans le sens de la mise à fruits, ou bien encore quand on veut affaiblir un arbre. Dans ce dernier cas on supprime les branches très vigoureuses surtout celles qui, placées verticalement ou à peu près, excitent par cette position même d'autant plus fortement la végétation; en même temps on protège les branches latérales ainsi que les brindilles bien nourries que l'on conserve même dans toute leur longueur.

§ VIII. — Enroulage ou Enlacement.

Cette opération, qui ne se pratique guère que sur des arbres très vigoureux à branches allongées, flagelliformes ou sarmenteuses, consiste, au lieu de supprimer ces branches, à les contourner de manière à multiplier les surfaces dans des espaces déterminés, souvent même relativement petits. En général, alors, par suite du parcours considérable que la sève est obligée de faire, les ramifications qu'émettent ces branches sont courtes et assez bien disposées pour une prompte fructification.

§ IX. — Torsion.

Sachant que toute partie contuse ou meurtrie s'oppose plus ou moins à la transmission des liquides séveux et que l'air se trouvant en contact plus direct avec ces liquides, ils s'élaborent mieux et sont alors plus disposés à se transformer, on a mis à profit cette disposition pour déterminer les arbres vigoureux, partant rebelles à la fructification, à se mettre à fruits.

La *torsion* se pratique sur des branches relativement jeunes; le plus souvent sur des rameaux, parfois sur les bourgeons de manière à déterminer aux points tordus un amas de sève qui forme une sorte de renflement ou de bourrelet que l'on pourrait comparer à un commencement de bourse, et dans le voisinage duquel naissent des ramilles courtes qui se transformeront en productions fruitières.

§ X. — Ligaturage.

Inutile de décrire cette opération dont le mot seul donne une idée précise. On pratique le *ligaturage* à l'aide d'un fil de fer, d'une ficelle ou même d'un osier suivant la nature des parties qu'on veut modifier et la durée pendant laquelle l'opération doit se faire sentir. Dans le cas où l'on ferait usage de fil de fer, on devrait prendre celui-ci galvanisé, afin d'éviter l'oxydation dont le contact est souvent nuisible aux parties qui le touchent, surtout quand elles sont en voie de formation. S'il s'agissait de bourgeons herbacés dont on désire une modification prompte et passagère, un peu de fil suffirait pour, déterminer ce résultat.

Quel que soit le corps employé pour effectuer le ligaturage, le but est le même : modifier la partie circonscrite et en arrêter ou modérer la végétation afin d'en déterminer la transformation. On serre plus ou moins fort suivant la consistance des parties. Quant au temps que la ligature doit être conservée, il n'y a rien de précis; il est en rapport avec la nature des parties soumises à l'opération et le but qu'on cherche à atteindre.

L'époque où il convient de pratiquer les ligatures n'a non plus rien d'absolu et est entièrement relative à la nature des arbres ou des parties soumises au traitement. Les résultats que doivent produire une ligature sont un amas de sève à l'endroit où elle est faite et qui, alors, détermine une transformation plus ou moins profonde de la partie placée au-dessus de la ligature.

§ XI. — Cassage.

Casser c'est rompre; toutefois, ici, en général du moins, la chose doit être incomplète, car la partie cassée ne doit pas être détachée; il faut au contraire la laisser pendre (1), de manière qu'elle reçoive assez de

_____

(1) Il ne faut pas s'étonner si nous conseillons de laisser pendre les branches, ce qui certainement peut ne pas paraître propre. Pour le comprendre, il faut se rappeler le but qu'il s'agit d'atteindre : la fructification, la régularité et la forme des arbres n'ont rien à voir ici. Ce qu'on veut, dans ce cas, ce sont des fruits ; aussi les moyens

sève pour ne pas mourir, mais pas assez pourtant pour se développer vigoureusement. Dans cette condition, la partie pendante, si on la laisse, se garnit de ramilles courtes qui ne tardent pas à se transformer en productions fruitières, ce qui n'empêche pas celle qui est placée au-dessus de subir également des modifications qui la disposent à la fructification.

Le *cassage* peut se pratiquer sur des branches plus ou moins âgées, longues et développées, mais parfois aussi on l'emploie sur des bourgeons afin d'en accélérer la transformation. Dans ce cas, le cassage se fait assez court, de manière à déterminer sur ce point une plaie contuse qui, en gênant la marche de la sève, tend à modifier la partie tronquée ou à produire des ramifications spéciales qui sont un acheminement vers une prochaine mise à fruits.

En réalité on pourrait donc considérer le cassage comme une opération un peu analogue à la torsion, et comme n'en étant qu'une forme plus complète.

§ XII. — Inclinaison ou Arcure.

En vertu du principe qui fait que tous les liquides séveux tendent toujours à monter, toutes les parties verticales d'un végétal quelconque — à part de très rares exceptions — sont les plus vigoureuses, partant relativement peu fertiles et surtout lentes à se mettre à fruit. C'est, en général, l'inverse qui se produit quand, au lieu d'être verticales, les branches sont plus ou moins penchées. On profite de cette disposition pour

qui conduisent le plus promptement à déterminer ce résultat sont-ils les meilleurs.

contraindre les arbres rebelles à se mettre à fruit; alors
on incline les branches, on les « arque » comme l'on
dit, et on les maintient dans cette position en les atta-
chant à l'aide d'osier ou de toute autre chose.

Dans cette condition les brindilles qui se développent sont laissées entières, ce qui est préférable. Le
plus souvent même on se borne à enlever les ramifications mal placées, mal conformées ou qui font confusion afin que toutes les parties conservées soient
le plus aérées et le plus ensoleillées possible, ce qui,
pour une très large part, contribue à en déterminer
des modifications et par la suite la fructification.

§ XIII. — Pinçage ou Pincement.

Lequel des deux noms doit-on adopter? Le dernier,
diront les uns, le premier n'étant pas français. Tel n'est
pas notre avis; on doit dire pinçage comme ébour-
geonnage, binage, labourage, effeuillage, repiquage,
éborgnage, bouturage, greffage, habillage, etc., etc.,
aussi nous l'adoptons laissant du reste chacun libre
d'employer le terme qui lui conviendra le mieux. Ceci
entendu, nous disons :

D'une manière générale on nomme *pinçage* la suppression de l'extrémité d'une ramification quelconque.

Le but qu'on se propose quand on opère le pinçage
étant de modifier très promptement les parties auxquelles on l'applique, on ne doit guère y soumettre que
des organes en voie de développement soit pour en
obtenir des ramifications spéciales, soit pour en modifier la nature de manière à les convertir en parties
fruitières. Mais comme en principe tous les organes
peuvent être considérés comme des bourgeons, il s'en-

suit que tout pinçage d'un organe quelconque devra déterminer un arrêt ou une réaction sur la partie pincée et, par cette même raison, sur celle qui en est voisine.

Bien compris, le pinçage peut être regardé comme la base d'une grande loi physiologique, de celle dite du *balancement organique* (voir page 9). En arboriculture fruitière, on pourrait même dire en horticulture générale, le *pinçage* est certainement l'une des opérations les plus importantes. Toutefois et pour le cas qui nous occupe, nous ne le considérons que dans son application aux organes ordinaires de la végétation, c'est-à-dire aux bourgeons et même aux feuilles qui, à vrai dire, ne sont autres que des bourgeons d'une nature spéciale, de sorte que, quand on pince ou qu'on supprime les feuilles, on obtient des modifications de l'œil qui est à leur base, parfois même du bourgeon où elles sont placées. Mais pour arriver à ce résultat il faut, comme cela doit du reste se faire pour les bourgeons que les feuilles soient en voie de développement et que leur végétation ne soit pas terminée afin que les réactions puissent s'opérer.

Quant à l'époque ou à la manière d'opérer le *pinçage*, l'examen des parties, leur état et le but qu'on se propose devront seuls servir de guides.

§ XIV. — Taille.

Au point de vue où nous nous plaçons, c'est-à-dire de déterminer les arbres fruitiers *de semis* à la fructification, il ne faut pas s'attacher à la forme à donner aux arbres, aussi dans ce cas la *taille* est-elle réduite à l'enlèvement des branches inutiles ou qui font con-

fusion, nuisent à l'aérage et à l'ensoleillage des parties, ce qui est très préjudiciable à leur modification
et partant très désavantageux pour la mise à fruits.
Toutefois dans ces suppressions on ne doit pas couper
indifféremment les branches, mais seulement celles
qui sont mal constituées et dont les yeux pointus et
allongés semblent indiquer une production à peu près
indéfinie de feuilles maigres, et, par contre, ménager
et protéger les parties bien constituées, les raccourcir
au besoin en leur donnant même, çà et là, quelques
coups de serpette ou de greffoir, de manière à en modérer la végétation.

§ XV. — Éborgnage ou Éventage.

Cette opération, en général peu pratiquée, pourrait
pourtant rendre de grands services. Elle consiste à
couper l'extrémité d'un œil afin d'en empêcher l'évolution normale et contraindre les sous-yeux à se développer de manière que, au lieu d'un unique bourgeon
vigoureux, on en obtienne plusieurs mais alors plus
faibles, par conséquent plus aptes à la fructification,
lesquels, au besoin, pourraient être pincés à leur
tour.

Il va sans dire que les yeux à bois bien constitués
seuls peuvent être soumis à ce traitement. Quelquefois aussi, au lieu de fatiguer les yeux, on les enlève
complètement de façon à en protéger d'autres et à leur
faire prendre un caractère particulier en rapport avec
le besoin qu'on en a. Ici comme toujours il faut agir
en raison du but qu'on cherche à atteindre.

§ XVI. — Effeuillage.

Les feuilles, ainsi qu'il a été dit plus haut, pouvant être assimilées à des sortes de bourgeons, on comprend combien leur rôle est important dans la vie des végétaux et aussi quel immense avantage peut résulter d'un traitement bien entendu des feuilles. Mais d'une autre part comme les feuilles sont des organes excitateurs par excellence, leur suppression en tout ou en partie peut modifier plus ou moins la nature des ramifications sur lesquelles la suppression a été faite.

L'*effeuillage* doit se pratiquer pendant la végétation soit brusquemment soit successivement, au fur et à mesure du besoin.

§ XVII. — Incision annulaire.

Bien que peu employées pour la mise à fruit des arbres fruitiers, les incisions annulaires, faites à propos, pourraient cependant dans beaucoup de cas, déterminer d'importantes modifications et amener d'heureux résultats. L'opération, ainsi que l'indique le mot, consiste à faire une incision circulaire et à enlever un anneau d'écorce autour des parties que l'on veut modifier. On fait les incisions plus ou moins profondes suivant le besoin et le but qu'on se propose d'atteindre. Quelquefois même et s'il s'agit de parties délicates ou ténues au lieu d'enlever un lambeau ou anneau d'écorce on se borne à faire une incision circulaire, ce qui sans suspendre la végétation la ralentit néanmoins et détermine une élaboration plus grande des sucs, et partant une tendance à la fructification.

On peut pratiquer l'*incision annulaire* tout aussi bien
et avec autant d'avantage sur les fortes branches que
sur les faibles, mais alors on fait les incisions plus
larges. Quant à leur importance, elle est relative aux
dimensions des branches et à leur nature, ainsi qu'au
but qu'on veut atteindre.

§ XVIII. — Greffe.

De toutes les opérations employées pour hâter la
fructification des arbres fruitiers de semis, il n'en est
certainement pas de plus importante que la greffe, surtout quand il s'agit de sortes à pépins, des poiriers
particulièrement.

Quand un arbre est rebelle à la fructification ou
qu'on veut avancer celle-ci, on choisit pour greffons,
sur cet arbre, les parties qui sont les plus modifiées,
dont les feuilles larges très rapprochées constituent
des rosettes; par exemple des brindilles bien nourries,
munies d'yeux arrondis; parfois même on prend des
rameaux ou mieux encore l'extrémité des branches.
Mais jamais on ne devra se servir de rameau, de brindille ou de branche dont le sommet aurait été tronqué;
au contraire on devra toujours choisir une « tête, »
c'est-à-dire l'extrémité d'une brindille, dard etc., et
autant que possible dont l'œil terminal arrondi soit
muni de feuilles très rapprochées, formant « la ro-
sette, » comme l'on dit. Le rameau qui termine l'axe,
la flèche, quand on peut le prendre comme greffon,
est *toujours* le plus avantageux.

On devra greffer sur de vieux arbres, très productifs si possible (ce qui suppose des sucs bien élaborés),
et, autant que possible aussi sur des parties latérales.

Quant au mode de greffe, on devra généralement, surtout s'il s'agit de poirier, employer celle dite « Luizet » qui consiste à prendre un rameau entier et après en avoir enlevé les feuilles et aminci la base de manière à faire entrer celle-ci sous l'écorce du sujet, absolument comme l'on ferait s'il s'agissait de placer un écusson ; on ligature ensuite, et l'on pourrait même enduire la plaie avec un peu de cire afin de bien boucher les interstices et faciliter la reprise. Cette greffe se fait en août-septembre. Parfois aussi et pour augmenter les chances de succès, on peut employer comme sujet des sortes différentes bien qu'ayant assez d'analogies pour que les parties soient susceptibles de vivre ensemble ; par exemple s'il s'agit de poiriers on prend comme sujet le Coignassier ou l'Épine.

On pourrait aussi agir tout à fait inversement, c'est-à-dire greffer, sur le sujet même dont on veut hâter la fructification, des boutons à fruits d'espèces étrangères très productives, de manière à affaiblir ce sujet et en même temps, et par le mélange des sucs, à déterminer des modifications dans sa nature et à en accélérer la fructification. Dans ce cas la greffe pourrait être considérée comme une sorte de parasitisme, un moyen d'épuisement.

Quoi que nous recommandions particulièrement la greffe *Luizet* qu'on a aussi nommée « greffe de boutons à fruits, » cela ne veut pas dire que ce soit la seule qu'on puisse employer ; toutes les autres, à l'occasion, pourraient l'être ; néanmoins pour le cas qui nous occupe cette greffe, lorsqu'elle est possible, nous paraît préférable, tant pour les résultats qu'elle donne que pour la facilité de son application.

§ XIX. — Choix des sujets.

Si au point de vue de la mise à fruit le choix des
greffons est important, celui des *sujets* ne l'est guère
moins. En règle générale les sujets doivent être de la
même espèce ou du même genre que le greffon qu'il
doit supporter, malgré que dans certains cas il puisse
en différer notablement, rarement pourtant au delà
de la famille botanique. D'une autre part et bien que
des sujets déjà vieux soient en général favorables à la
fructification des parties greffées, on peut pourtant se
servir comme sujets de jeunes plants qui eux-mêmes
ont été soumis à certaines préparations en vue d'en
hâter la fructification, et cela parfois avec avantage.
C'est ainsi que M. Tourasse, de Pau, dont nous avons
déjà parlé, se trouve bien d'employer comme sujet
des jeunes *aigrins* qui ont déjà été soumis plusieurs
fois au repiquage, opération qui en a vieilli les tissus.

A l'occasion aussi et suivant les cas on pourrait greffer soit sur racines soit sur tout autre partie des végétaux en se conformant aux préceptes physiologiques
sus-indiqués. L'essentiel étant d'apporter une prompte
fructification des parties greffées, tout moyen qui dé-
terminera ce résultat sera réputé bon.

OBSERVATION. — Nous allons, afin de continuer l'étude
des divers procédés à employer pour contraindre les arbres rebelles à la fructification ou à déterminer celle-ci
dans le plus bref délai possible, indiquer un procédé
tout particulier qui nous paraît devoir donner de bons
résultats. C'est de considérer chaque arbre comme une
individualité unique et alors de n'en jamais arrêter
l'allongement; au contraire de le faciliter de manière

qu'en s'allongeant le plus possible son axe qui serait
à peu près sa seule charpente, et comme une sorte de
colonne vertébrale dont les ramifications — comparées aux côtes ou aux membres latéraux des animaux,
— formeraient les branches fruitières qui alors reste-
raient d'autant plus courtes qu'on allongerait l'axe
davantage, et seraient par conséquent plus aptes à
produire des fruits.

Mais comme, en raison de la nature des arbres, certaines espèces pourraient ne pas se prêter à ce mode
de traitement, on pourrait, tout en conservant le
principe, modifier la forme, c'est-à-dire la direction ;
par exemple en adopter deux sortes principales : la
direction *verticale* et la direction *horizontale* et au
besoin même modifier et adopter l'une et l'autre de
manière à déterminer des formes intermédiaires appropriées aux circonstances.

Mais, comme d'une autre part encore pour s'entendre
sur les choses, il faut bien définir les mots par lesquels
on les désigne, nous donnons au procédé dont nous
parlons la qualification *simpliste* ou *unitigisme*. Nous
allons décrire cette forme.

§ XX. — Système simpliste ou unitigisme.

Comme forme rien de plus simple et en même temps
de plus facile à pratiquer que ce système qui consiste
à donner à l'axe principal le plus de développement
possible, ce qui supprime presque toutes les autres
opérations ou les réduit considérablement. Le meilleur
moyen ou du moins celui qui peut-être donnerait les
résultats les plus prompts serait très probablement
l'adoption de la forme horizontale ou à peu près ;

2

mais comme dans ce cas certaines espèces pourraient
pousser peu et avoir une tendance à développer des
ramifications verticales trop nombreuses ou trop vigoureuses, on pourrait éviter ou du moins atténuer
cet inconvénient d'abord par des pinçages ou des cassages des parties trop vigoureuses, mais surtout en
tenant constamment l'extrémité de l'axe dans une position *verticale* qui alors, comme une sorte de pompe
ou de partie excitatrice, ferait à la sève un appel
constant. Ces parties extrêmes de l'axe, provisoi-
rement verticales, seraient ramenées à l'horizontalité
au fur et à mesure qu'elles seraient bien constituées.
Le travail dont nous parlons serait donc un peu l'analogue de celui que l'on applique aux branches char-
pentières des palmettes Verrier.

Quant aux autres soins — qui seraient toujours peu
nombreux — ils consisteraient en quelques pinçages ou
cassages des bourgeons, suppressions partielles ou
pinçages des feuilles, et rarement à des suppressions
complètes sinon dans quelques cas rares. Toutefois
l'on pourrait au besoin, çà et là, surtout sur les parties
vigoureuses ou dénudées, placer soit des greffons
soit des écussons ainsi qu'il a été dit plus haut en les
prenant sur les parties de l'arbre qui paraissent les
plus modifiées.

Nous avons la conviction que le système dont nous
parlons, l'*unitigisme,* donnerait de très bons résultats.
Il va de soi que nous ne le recommandons pas exclusivement et que, du reste, suivant les conditions dans
lesquelles on se trouvera placé il pourrait même
arriver qu'on ne puisse le pratiquer, car il exige
parfois un développement en longueur que l'exiguité
des lieux ne permet pas de donner.

D'une autre part la nature des arbres pourrait aussi sinon s'opposer à son application du moins la rendre difficile. Dans ce cas c'est à la pratique à décider et au besoin à modifier les systèmes en appliquant concurremment et partiellement les divers traitements que comporte chacun d'eux.

Après avoir indiqué les différents procédés à l'aide desquels on peut hâter la floraison des arbres fruitiers provenant de graines, nous allons, comme complément, indiquer ce qu'il y aurait à faire pour assurer autant que possible la transformation des fleurs en fruits.

XXI. — Moyens d'assurer le *nouage* des fleurs.

Certaines sortes d'arbres fruitiers à noyaux tels que abricotiers, pruniers, cerisiers, n'étant à peu près jamais stériles par le manque de fleurs, on est autorisé à poser cette question : Y a-t-il des procédés à l'aide desquels on peut en assurer la fructification ? Sous ce rapport on ne connaît rien de certain, ce qui, pourtant, ne veut pas dire qu'il n'y ait rien à faire, qu'on ne doive rien tenter, au contraire.

D'abord il y a un certain nombre d'éventualités préjudiciables contre lesquelles on peut agir préventivement, telles sont les intempéries printanières : pluies ou gelées. Dans ce cas c'est une question d'abri par conséquent toute matérielle et appropriée aux choses que l'on veut protéger. Ensuite il y a divers inconvénients à combattre ou à atténuer, qui se rapportent particulièrement au sol. Ainsi si par exemple la terre est trop sèche, on pourrait se trouver très bien d'arroser les arbres lors de la formation des boutons et,

dans ce cas, si le sol était trop pauvre, il pourrait
même y avoir avantage à employer de l'engrais liqui-
de. Ceux dans lesquels entrent des matières fécales sont
de beaucoup préférables. Toutefois il faudrait agir
avec prudence afin de ne pas faire « couler » les boutons ou d'en déterminer la transformation. On pourrait
suspendre les arrosages pendant le temps de la fécondation, puis, s'il y avait nécessité, les reprendre aussitôt
celle-ci opérée, surtout quand les fruits sont bien noués.

Si au contraire le sol était très compact et froid on
se trouverait bien de l'assainir soit par des rigoles
soit par des drainages partiels. — Voilà pour les arbres
d'une certaine force; s'il s'agissait de parties faibles
ou de petits sujets, on pourrait essayer les incisions
annulaires soit avant soit au moment même de la floraison, selon la nature et la vigueur des sujets.

Dans certains cas aussi, et suivant les circonstances,
les incisions pourront être faites plus ou moins profondément et plus ou moins larges, être réduites même
à une simple coupe ou entaille, ou bien consister dans
l'enlèvement d'un anneau plus ou moins large de l'é-
corce. Ici encore c'est une affaire de tact ou d'à-propos
que théoriquement l'on ne peut prévoir et dont la
pratique seule peut être juge.

§ XXII. — Martelage.

Cette opération, qu'on applique parfois aux gros
arbres pour en déterminer une fructification plus
abondante ou plus certaine, consiste à frapper avec
un marteau l'écorce à la base de l'arbre et dans toute
sa périphérie, ou bien seulement sur les fortes branches.

Le but c'est de produire une souffrance dans l'ensemble de l'arbre et d'occasionner un malaise général qui, en arrêtant ou en modérant la végétation, détermine le *nouage* des fleurs. Quand il s'agit d'arbres plus jeunes ou précieux, il faut agir avec plus de réserve afin de ne pas déterminer des plaies chancreuses qui pourraient même amener la mort des arbres.

Le martelage peut également être pratiqué partiellement, c'est-à-dire sur des branches dont on veut plus particulièrement assurer le nouage des fleurs. Il a aussi cet autre avantage d'avancer de quelques jours la maturité des fruits. Parfois encore, quand il s'agit d'arbres placés le long d'un mur, on pratique une opération analogue : l'*écrasage* qui consiste à donner un léger coup de marteau sur la branche dont on veut avancer la maturité des fruits.

Le *martelage* et l'*écrasage* pourraient aussi être employés comme moyen de préparation à la fructification, c'est-à-dire pour accélérer la transformation des branches et les convertir en parties fruitières.

Si ces opérations sont employées pour assurer le *nouage* des fleurs ou pour avancer la maturation des fruits, on les pratique un peu avant l'épanouissement des fleurs ; si au contraire on vise à déterminer la fructification, le travail doit se faire au printemps ou pendant la force de la végétation afin qu'en s'opérant immédiatement les réactions ou modifications séveuses soient plus efficaces.

§ **XXIII**. — De l'incision longitudinale.

C'est M. Chevalier aîné, arboriculteur à Montreuil, qui, le premier, nous paraît avoir appliqué cette incision qui consiste à fendre sur le côté ou même par le milieu un rameau prêt à fleurir. C'est particulièrement dans le but de faire grossir les fruits et surtout d'en hâter la maturation qu'il pratiquait cette opération, que du reste il n'appliquait qu'au pêcher. Nous pensons qu'on pourrait l'appliquer à tous les arbres fruitiers, en vue d'en faire nouer les fleurs. C'est à essayer.

§ XXIV. — Gaulage.

Le *gaulage* est une opération analogue au *martelage*, mais qui, au lieu de se pratiquer sur la tige des arbres ou sur le corps des grosses branches, s'applique à l'aide d'une perche ou *gaule* sur des parties jeunes qui, trop vigoureuses, ne se mettent pas à fruit. Il consiste, comme son nom l'indique, à frapper avec une gaule toutes les parties stériles. Le résultat visé est de déterminer une réaction sur l'ensemble de l'arbre et par suite d'opérer une transformation des ramifications de manière à les forcer à se mettre à fruit.

L'opération doit être d'autant plus radicale que les parties sont plus vigoureuses, et alors il ne faut pas craindre de les meurtrir, d'en rompre même quelques-unes; cela pouvant parfois être favorable pour atteindre le but désiré : la mise à fruits.

A qui doit-on l'invention de ce procédé? Il nous paraît difficile de le dire d'une manière certaine; ce que nous pouvons affirmer, c'est qu'un homme très compétent en arboriculture fruitière et dont le nom faisait autorité, feu Dalbret, chef de la section fruitière au Muséum de Paris, le pratiquait déjà vers 1834, et qu'il en obtenait parfois de très bons résultats.

§ XXV. — Époques d'opérer.

Y a-t-il une époque déterminée et plus favorable
qu'une autre pour exécuter les diverses opérations que
comporte le chapitre « Considérations générales » et
qui viennent d'être sommairement décrites?

Non, toutes sont subordonnées à la nature et à la
vigueur des arbres et surtout aux conditions dans lesquelles ceux-ci sont placés, ainsi qu'au but que l'on
cherche à atteindre. C'est donc une question relative
que seule la pratique peut résoudre.

D'une manière générale pourtant, et à part ce qui se
rattache à la floraison et qui est subordonné à celle-ci,
on peut dire que le moment de la végétation soit
lors de son départ, au printemps, soit dans l'été quand
une certaine partie est déjà effectuée, est le plus avantageux. Il s'agit en effet de modifier les tissus, et c'est
sous l'empire de la vie active que ce phénomène
s'exerce le plus puissamment. Mais, nous le répétons, on ne peut poser des bases absolues, le climat, la nature et l'état des arbres, ainsi que les
conditions dans lesquelles ils sont placés, pouvant
déterminer des différences très grandes et faire varier
l'opportunité du traitement ou même modifier plus ou
moins celui-ci.

§ XXVI. — Des probabilités fructifères des arbres fruitiers.

Y a-t-il des caractères qui permettent de juger si
des arbres de semis produiront des fruits de bonne
qualité, et, si oui, quels sont ces caractères?

Rien de certain à cet égard, et tout ce qu'on a avancé sur ce sujet est hypothétique; très souvent même les résultats ont été contraires à ce que semblait indiquer la théorie. Ni le port ni la vigueur des arbres non plus que la largeur et l'ampleur des feuilles, ne sont des indices certains de qualités. D'une autre part, quelles que soient aussi les règles théoriques que l'on pourrait poser, elles seraient variables suivant les espèces auxquelles on les appliquerait. Ainsi au sujet des poiriers, l'on a dit que les sujets épineux devaient être considérés comme ne devant produire rien de bon, ce qui est bien un peu vrai, quoiqu'il y ait parfois de notables exceptions. Il en est à peu près de même quand il s'agit des pruniers et des abricotiers. En général pourtant, en ce qui concerne les poiriers, pommiers, pruniers, abricotiers, on considère comme un signe de bon augure tout sujet non buissonneux, dont les branches sont assez distantes, plutôt étalées que dressées, bien nourries et portant des ramilles relativement grosses, surtout quand avec tous ces caractères les arbres ont un beau feuillage; en un mot, qu'ils payent de mine.

Mais, nous le répétons, il ne faut pas oublier que, bien qu'ils ne soient pas dépourvus de valeur, ces indices ne sont que des présomptions, et que parfois même les résultats peuvent être contraires à ceux que ces signes semblaient indiquer.

Quelques personnes, aussi, ont avancé que la précocité est un signe avantageux. Ici encore rien de certain, et les exemples de variétés méritantes dont les fruits ont été longs à se montrer ne sont pas rares; un des plus remarquables est fourni par la poire *Duchesse d'Angoulême* dont l'aigrain, assure-t-on, n'a fructifié que vers l'âge de trente ans. Il faut pourtant reconnaître que, si la précocité n'est pas un signe certain de la valeur des fruits, ce caractère a au moins l'avantage de donner une prompte solution, en permettant de juger avec certitude de la qualité et par conséquent de se prononcer sur le rejet ou sur l'admission des plantes.

§ XXVII. — Choix, préparation et conservation des graines.

Rien, assurément, n'est plus important que le choix des graines, puisque c'est sur elles que repose le succès; aussi doit-on apporter à ce choix les plus grands soins, recueillir les fruits quand ils sont bien mûrs et sur des variétés dont on connaît le mérite, surtout celui qu'on tient à propager et même à augmenter. Outre la variété, on doit aussi choisir les fruits les plus beaux et les mieux faits, par cette raison de la tendance qu'ont tous les caractères à se reproduire et qui, en général, se fait sentir jusque dans les moindres détails.

Malgré que cette règle puisse présenter des exceptions, on se trouvera bien de la prendre pour base.

Une précaution qu'on néglige trop, qui pourtant pourrait avoir de très bons résultats si elle était judicieusement observée, quand il s'agit du choix des graines, est de tenir compte des propriétés fondamentales des fruits dont elles proviennent. On se préoccupe bien un peu de la fertilité, de la hâtiveté et de la tardiveté des arbres, de la grosseur, de la beauté des fruits, mais pas assez de la nature chimique de ceux-ci, ce qui pourtant, lorsqu'il s'agit de fruits destinés à la fermentation pour en faire des boissons alcooliques, est de première importance. Dans ce cas, en effet, comme il y a

souvent des différences considérables dans la quantité
de sucre, par conséquent d'alcool entre certaines variétés et certaines autres, il n'est pas indifférent de
semer des graines de telle ou de telle. On doit donc,
au contraire, et avec beaucoup de soin, recueillir les
graines sur des variétés dont le fruit est très riche en
matières sucrées. C'est surtout quand il s'agit soit des
vignes, soit des poiriers ou des pommiers cultivés au
point de vue de la fabrication du cidre ou du vin, que
la précaution dont nous venons de parler est importante; dans quelques cas spéciaux, elle peut même
dominer toutes les autres.

Une chose très importante aussi, à laquelle pourtant
on ne pense guère, ce serait, là où le climat est in-
clément surtout au printemps, époque où a lieu la
floraison des arbres fruitiers, de chercher à obtenir
des variétés possédant les deux qualités contraires
suivantes : *tardiveté* à fleurir, *hâtiveté* dans la maturation des fruits.

Bien que rares, ces propriétés existent, et peut-être
pour les généraliser suffirait-il d'observer mieux qu'on
ne le fait les arbres au printemps et à l'automne et
d'agir en conséquence pour la récolte des graines. Il
ne faut pas oublier, quand il s'agit de physiologie,
qu'on ne doit rien négliger, que dans cette circonstance surtout il n'y a pas de petites causes et que celles
qu'on regarde comme telles produisent parfois de très
grands effets.

Comme exemple des qualités contraires dont nous
venons de parler, on peut citer les noyers dits *de la
Saint-Jean*, qui ne commencent à fleurir que tard, sur la
fin de juin, qui par conséquent ne peuvent geler et qui
n'en mûrissent pas moins leurs fruits de très bonne

heure à l'automne, et parfois même avant beaucoup d'autres variétés qui, bourgeonnant dès le mois d'avril, sont exposées aux gelées printanières.

Si l'on a affaire à des fruits qui se conservent longtemps après avoir été cueillis, on peut attendre qu'on les consomme pour en extraire les graines; tels sont les poires, les pommes, les raisins, à moins que, par suite de la nature des graines ou par des raisons particulières, le semis doive être ajourné.

Quoi qu'il en soit, et à part les fruits secs tels que noix, noisettes, amandes, et après avoir extrait les graines des fruits, on les lave pour enlever la partie grasse ou visqueuse qui en général recouvre le testa des graines, puis on les fait ressuyer un peu si on est pour les semer de suite; dans le cas contraire, on fait sécher les graines et on les place dans un endroit sain, en ayant soin de les étendre de manière à ce qu'elles ne moisissent ni ne fermentent, ce que, du reste, on peut éviter en les remuant de temps à autre.

Mais, d'une autre part, comme il est rare que les graines choisies en vue de l'obtention de nouvelles variétés soient très nombreuses, que le plus souvent ce sont des choix restreints qui parfois même ont été obtenus à l'aide de fécondations artificielles, on a un intérêt tout particulier de veiller à leur conservation, ce qui dans ce cas est toujours facile. Quelquefois cependant, pour conserver les graines, on est obligé d'employer la stratification.

Un autre point également très important, que presque toujours l'on néglige, c'est de semer à part les variétés de manière à se bien rendre compte de leur fixité. Le plus souvent on se borne à choisir des fruits de bonnes variétés et l'on en extrait les graines qu'on

sème en mélange. C'est un tort, car plus tàrd, quand
les arbres fructifient, on ne sait de qui ou de quoi
provient tel individu dont les fruits sont méritants.
L'extrait de naissance fait défaut, ce qui, au point de
vue scientifique, est toujours regrettable. On oublie
trop que chaque plante est une individualité qui tend
à se reproduire, fait dont on a pourtant de nombreux
exemples dans la floriculture, où, du reste, ce soin
est parfois poussé beaucoup plus loin, puisque l'on va
même jusqu'à choisir telle ou telle fleur sur une ramification spéciale. On a raison.

Mais pourquoi aussi, lorsqu'il s'agit de poires ou de
pommes, ne pas prendre les pepins sur les fruits non
seulement beaux et bien faits et qui sont reconnus
être de qualité supérieure, mais encore qui se sont les
mieux conservés? Pourquoi ne pas imiter les marai-
chers dans le choix qu'ils font de leurs légumes :
melons, potirons, etc. ?

§ XXVIII. — Stratification.

La stratification est, en réalité, une sorte de semis
provisoire ou anticipé pratiqué dans des conditions
spéciales qui permettent de ne confier définitivement
les graines au sol que lorsqu'elles seront sur le point
d'entrer en germination. On pratique aussi la stratification pour des graines qui perdent très vite leurs facultés germinatives lorsqu'on les laisse à l'air mais
qu'on ne pourrait cependant semer de suite, soit parce
qu'elles craignent le froid ou l'humidité, soit parce
qu'elles pourraient être mangées par les animaux.

Pour pratiquer la stratification, on met alternati-
vement un lit de graines et un lit de sable ou de terre

saine, de manière à les isoler un peu et à empêcher la pourriture lors de la germination.

Suivant la quantité de graines que l'on a, on les met dans des pots, des terrines, des paniers ou dans des caisses qu'on place ensuite dans une cave ou dans un cellier, par conséquent à l'abri du froid ou de l'humidité surabondante qui pourrait faire pourrir les graines, ou pour les soustraire à la rapacité des rongeurs.

Parfois aussi on pratique la stratification dehors, par exemple le long d'un mur à bonne exposition. Dans ce cas, on surélève le sol en faisant même, si la chose est nécessaire, une rigole autour du monticule et à sa base, afin de l'assainir. Au besoin on garantit l'hiver avec de la paille, du fumier ou des feuilles.

Une fois le beau temps arrivé, on sème les graines en les mélangeant avec le sol qui les contenait de manière à ne pas en perdre, à moins qu'elles ne soient très grosses; on repique en pleine terre si ce sont des plantules tels qu'en fournissent les amandes, les châtaignes, les noix, etc.

Quelquefois encore, quand ce sont des graines qui ne doivent pas sécher parce qu'alors la germination serait compromise ou au moins retardée, on sème de suite et l'on porte au *germoir* (1) les terrines ou les vases qu'on place et conserve là jusqu'au moment où on pourra les livrer à l'air.

Un grand avantage aussi que présente la stratification, c'est de permettre de ne confier au sol les graines

(1) On nomme *germoir* un local à l'abri de la gelée, une sorte de cellier, par exemple, où l'on dépose sur des tablettes ou sur le sol, les pots ou terrines renfermant des graines que l'on veut surveiller. La température n'en doit pas être élevée; il suffit qu'il n'y gèle pas.

qu'au moment où elles vont entrer en germination,
c'est-à-dire quand elles entrent dans la période d'acti-
vité de façon à ce qu'elles trouvent là un sol neuf ou
nouvellement façonné par conséquent dans les conditions les plus favorables à la végétation. D'une autre part,
en agissant ainsi, l'on évite d'occuper pendant longtemps
un terrain qui pourrait être employé à autre chose.

§ XXIX. — Semis.

Malgré que pour chaque espèce d'arbres nous de-
vrons entrer dans quelques détails sur la manière d'en
semer les graines, nous croyons néanmoins devoir en
parler ici d'une manière générale, afin de réunir et
de condenser tous les faits d'ensemble que comprend
cette opération.

En général toutes les graines d'arbres fruitiers doivent être semées quand elles sont encore fraîches,
soit quand on les récolte ou peu de temps après, soit
lorsqu'elles ont été stratifiées.

Suivant la quantité de graines dont on dispose, on
sème en pots, en terrines ou en plein air. Quant à la
terre, elle doit être en rapport avec la nature des espèces. En général pourtant les terres légères, argilosi-
liceuses sont préférables. S'il s'agit de graines de sortes
délicates ou dont on a peu, on peut employer la terre
de bruyère pure ou mélangée, ou une autre analogue
appropriée à la plante. Lorsqu'on sème en pleine terre
on peut au besoin modifier le sol soit à l'aide de terreau, de feuilles, de terre franche, de sable suivant les
espèces. Si les graines étaient vieilles ou très sèches, il
serait bon de les faire tremper pendant quelque temps
avant de les semer afin d'en faire ramollir les tissus,

surtout si l'on a affaire à des sortes à testa dur ou d'une décomposition difficile. Toutefois, comme dans cette circonstance l'excès d'humidité pourrait déterminer la pourriture de l'embryon, ce qu'il faut éviter, il vaudrait souvent mieux placer les graines à l'abri de l'air et du soleil et les tenir constamment humides par de légers bassinages.

Un moyen souvent très avantageux serait de semer au printemps après avoir fait ramollir les graines, mais alors, *à chaud* et sur couche. Dans ce cas on aurait chance d'obtenir des plants qui viendraient très forts la première année et auxquels même, suivant les espèces, on pourrait faire subir un ou deux repiquages, ce qui en activerait la fructification.

§ XXX. — Résumé sur le choix des graines en général, surtout au point de vue des caractères spéciaux.

Le choix des graines étant la base de la réussite pour l'obtention des sortes méritantes, on ne saurait trop insister sur ce point, ce qui explique pourquoi, malgré que nous en ayons déjà parlé, nous croyons à propos d'y revenir dans un paragraphe spécial. Nous posons d'abord cette question : Y a-t-il de l'importance à choisir des graines au point de vue de l'obtention des caractères spéciaux?

Cette question, au point de vue théorique, ne peut guère être résolue qu'hypothétiquement et en s'appuyant sur des analogies qui, cependant, semblent conclure pour l'affirmative.

En démontrant que tous les caractères tendent à se reproduire, l'expérience et la logique commandent de

n'en négliger aucun quand il y a intérêt à le rendre
permanent : qu'il s'agisse de fleurs, de fruits, de feuilles, de végétation, etc., etc. ; et comme dans le cas qui
nous occupe il s'agit tout particulièrement de fruits,
c'est donc sur ceux-ci qu'il faut porter toute son attention. Quelques observations, ne serait-ce que comme
guides, nous paraissent devoir trouver place ici.

Quand, par exemple, il s'agit de *hâtiveté,* pourquoi
ne choisirait-on pas les graines dans les fruits qui mûrissent les premiers, toutefois surtout que cette pro-
priété n'est pas le fait d'un accident ; et, au contraire,
dans ceux qui mûrissent les derniers s'il s'agit de *tardiveté.* Or comme sur un même arbre certains fruits
peuvent mûrir un mois, et même parfois plus, avant
certains autres, il peut n'être pas indifférent de prendre des graines chez les uns ou chez les autres. Mais,
d'une autre part, comme des faits analogues à ceux
dont nous parlons peuvent se passer au fruitier, la logique semble indiquer qu'on devrait agir de même
pour ceux-ci.

On doit comprendre toutefois que dans toutes ces
circonstances nous ne pouvons affirmer qu'en procédant comme nous le disons, on réussira toujours, mais
comme rien non plus ne démontre le contraire, on
devra donc essayer et cela d'autant plus que les résultats semblent être en faveur de la probabilité, du
moins d'après de nombreuses analogies.

En nous résumant nous donnons le conseil suivant,
qui, d'une manière générale, s'applique au choix des
graines :

1° Les récolter toujours sur des individus réunissant
les qualités qu'on désire propager ;

2° Quand il s'agit de caractères spéciaux, prendre

les graines sur les parties qui présentent ces caractères, et s'il s'agit de choses plus spéciales encore, les
prendre dans celles qui réunissent au plus haut degré
les particularités que l'on recherche; par exemple :

S'il s'agit de *hâtiveté*, prendre les graines des fruits
qui se sont développés et ont mûri les *premiers*, toutefois pourtant que ces fruits, venus normalement, sont
beaux, gros, bons et bien faits;

S'il s'agit de *tardiveté*, choisir parmi les fruits qui
ont mûri les *derniers*, pourvu toutefois qu'eux aussi
réunissent toutes les autres qualités que nous venons
d'énumérer en parlant de la *hâtiveté*.

§ XXXI. — Durée germinative des graines.

Il est difficile d'indiquer sinon très relativement la
durée pendant laquelle les graines peuvent conserver
leurs facultés germinatives; leur nature, leur état
de maturité et les conditions dans lesquelles on se
trouve pouvant déterminer de très grands écarts. La
chose est donc tout à fait impossible d'une manière
absolue; aussi, malgré tout ce qu'on a dit sur ce
sujet, l'on n'a rien d'exact. Mais ce que nous n'hésitons pas à affirmer, c'est que en général sinon
toujours, les jeunes graines sont les meilleures toutefois, bien entendu, qu'elles ont été récoltées dans de
bonnes conditions de maturité. Pour les arbres fruitiers, qui nous occupent tout particulièrement, le
fait est hors de doute. Nous n'avons donc pas ici à
déterminer l'âge des graines, le mieux étant de semer
les plus nouvelles possibles. Dans le cas, où l'on n'a
pas le choix, il est inutile de discuter l'âge ni la
qualité des graines, il faut essayer celles qu'on pos-

sède. Nous ferons cependant observer qu'on voit
parfois se produire de singuliers faits, s'effectuer des
germinations alors qu'on n'y comptait guère. Ainsi
dans un semis de noyaux de pêches venant de la Chine,
nous avons constaté que pendant 5 ans il germait
chaque année quelques noyaux. Il est donc parfois
bon de ne pas trop se presser de jeter les graines, surtout quand ce sont des espèces rares ou dont on a peu.

§ XXXII. — Temps nécessaire à la fructification.

Peut-on déterminer l'âge où les arbres fruitiers
arrivent à produire leurs premiers fruits ? Non, du
moins pour le plus grand nombre d'espèces, et,
même pour presque toutes les autres, on n'a guère
que des données générales.

- Le climat, le sol, en un mot le milieu et surtout le
traitement pouvant déterminer des variations et par
ce fait même des différences considérables, il résulte qu'en ce qui concerne la question qui nous occupe on ne pourrait, à la rigueur, émettre que des
hypothèses locales basées sur les faits dont on est
témoin, et qui toujours sont en rapport avec le milieu
où s'accomplissent ces faits, car s'il est vrai qu'il n'y
a pas deux milieux *identiques*, il n'est pas moins vrai
non plus qu'il n'y a pas deux graines *exactement
semblables*. En effet, chaque graine représente un individu qui a ses propriétés fondamentales qui pourtant ne sont pas tellement fatales qu'elles ne puissent être un peu modifiées par l'action des milieux
dont, au reste, elles sont des conséquences. D'une
autre part il ne faut pas oublier non plus que les
types se modifient continuellement en rapport avec

leur nature et avec leur degré de perfection, de sorte
que des graines récoltées sur des individus très améliorés et de création récente, auront plus de chance
de produire promptement que si on les récoltait sur
des types sauvages ou sur des individus peu améliorés de cette même espèce.

En voici un exemple. Tous les semis de rosiers que
l'on faisait il y a une cinquantaine d'années, environ,
mettaient toujours le moins 6 à 8 ans, souvent même
beaucoup plus, pour montrer leurs premières fleurs,
tandis qu'aujourd'hui il n'est pas rare que la 1re année,
c'est-à-dire alors que les plantes sont à peine âgées
de 6 mois, un certain nombre montrent déjà des fleurs.
On ne peut douter qu'il en serait de même des poiriers et des pommiers et qu'on obtiendrait des faits
analogues si, au lieu de prendre des pepins sur des
sortes très améliorées, on les récoltait sur des sortes
sauvages de nos bois ou sur certains de nos poiriers
ou pommiers à cidre qui, eux aussi, sont peu modifiés. Ce fait, que l'expérience met hors de doute,
démontre encore l'importance du choix des graines.

D'autre part l'on voit souvent dans un semis provenant de graines récoltées sur un même arbre, parfois
dans un même fruit, les plus grands écarts se produire, par exemple des individus fructifier dès l'âge
de 4 ans, d'autres à 8-9-15-20 ans et même plus ; on
nous a affirmé que l'aigrain qui a produit la *duchesse
d'Angoulême* n'a donné ses premiers fruits qu'à l'âge
de 30 ans. Nous avons vu l'analogue dans des amandiers. Ainsi tandis que certains individus provenant
de fruits récoltés sur un même amandier ont fructifié dès l'âge de 3 à 5 ans, un autre ne produisit des
fleurs qu'à l'âge de 17 ans alors que, grand arbre,

sa tige mesurait 42 centimètres de diamètre. Des faits analogues se montrent non seulement chez tous les arbres, mais même chez tous les végétaux.

§ XXXIII. — Fécondation artificielle.

Il est très rare qu'on emploie la fécondation artificielle quand il s'agit d'arbres fruitiers (1). C'est un tort, croyons-nous, car, pratiquée judicieusement, cette opération augmenterait de beaucoup les chances de succès, de sorte que, dans un semis quelconque, l'on pourrait obtenir un plus grand nombre de variétés méritantes que si l'on abandonnait les choses à elles-mêmes, c'est-à-dire si, pour semer, l'on prenait des graines dont la fécondation s'est faite naturellement.

Nous n'entrerons pas dans de minutieux détails relativement à la pratique de la fécondation artificielle, opération connue, du reste; nous rappellerons seulement que, autant que possible, on doit opérer de manière à réunir sur un seul individu les qualités possédées par plusieurs. Les soins préalables consistent à enlever, avant la fécondation, tous les organes mâles, c'est-à-dire les anthères des fleurs qu'on veut féconder; puis, quand le stigmate est bien développé, à apporter sur ces fleurs castrées, du pollen d'une variété méritante et dont on veut reproduire les caractères.

En agissant ainsi qu'il vient d'être dit, si l'on ne réus-

(1) Nous ne connaissons guère qu'un seul homme qui se soit occupé sérieusement de cette question; c'est M. Quetier, horticulteur à Meaux. (Voir *Revue horticole*, 1870-1871, p. 390.)

sit pas toujours il y a néanmoins un grand avantage;
d'abord on a les mêmes chances que si l'on s'était
borné à semer des graines fécondées naturellement,
et de plus celle de les augmenter par le fait des com-
binaisons et du mélange des caractères.

Du reste on a comme exemple et comme encou-
ragement les nombreux et remarquables résultats
fournis par la floriculture. Pourquoi donc ne pas
l'imiter, faire appel à la science et substituer celle-ci
à la routine que trop souvent l'on suit à peu près
aveuglément ?

§ XXXIV. — Récolte et Conservation du pollen.

Faisant entrer la *fécondation artificielle* dans les com-
binaisons modificatrices des espèces, nous devons dire
quelques mots de la récolte du pollen et de sa conservation, précautions qui, alors, deviennent un corol-
laire de cette opération.

Dans la plupart des cas, on ne prend le pollen qu'au
moment de s'en servir; mais lorsqu'il s'agit de plantes
qui ne fleurissent pas à la même époque, il faut, quand
l'occasion se présente, se pourvoir de pollen de manière
à en avoir sous la main quand les organes femelles
sont aptes à le recevoir.

On recueille le pollen par un temps sec et lorsque
les anthères commencent à s'ouvrir de façon à ce qu'il
ait toute sa force. Après l'avoir laissé pendant quelque
temps dans un lieu sec, à l'ombre, on l'enferme dans
un papier de soie, que l'on recouvre d'un papier plus
épais, et on place le tout à l'abri du soleil et de l'air,
dans un lieu dépourvu d'humidité, par exemple dans
un tiroir fermé et surtout bien sain.

Quand on est pour employer le pollen, il est bon de l'exposer pendant quelque temps à une température douce et sèche et même dans un endroit légèrement ensoleillé afin de raviver et d'exciter ses propriétés vitales.

La durée du pollen varie avec les espèces, dans une mesure souvent considérable mais relative toutefois et indéterminée. Le mieux donc, est de l'employer le plus nouveau possible, aussi doit-on renouveler sa provision toutes les fois que l'occasion s'en présente.

§ XXXV. — Observations sur la mutabilité des formes.

Il en est des arbres fruitiers comme de tous les autres arbres et même comme de tous les êtres; ils présentent dans leur développement une époque de transition, d'enfance, pourrait-on dire, pendant laquelle leurs caractères, encore indécis, manifestent des changements successifs.

Les modifications dont nous parlons et qui, à peu près particulières aux poiriers sont relatives aux variétés de ceux-ci et partant plus ou moins considérables, portent soit sur la végétation et le facies des arbres, soit sur la forme ou sur la grosseur des fruits.

Sous le premier rapport, on sait que certains sujets parfois très épineux perdent par la suite ce caractère, et qu'en vieillissant ils deviennent tout à fait inermes. C'est même ce qui arrive à peu près toujours; le port des arbres et même quelquefois aussi les feuilles peuvent également subir des modifications plus ou moins grandes ; mais la plus importante et qui doit surtout nous occuper, c'est celle que montrent les fruits

chez certaines variétés pendant les premières années
de leur apparition. Ces modifications, qui se manifestent à mesure que l'arbre vieillit et surtout à la
suite de greffes successives, sont parfois tellement
grandes, que c'est à peine si l'on pourrait reconnaître
les mêmes variétés.

Aussi, dans toutes ces circonstances, ne doit-on pas
précipiter son jugement et rejeter une variété à moins
que ses fruits ne présentent aucun avantage. Mais lorsqu'au contraire un fruit offre des qualités déjà assez
importantes et qu'il ne laisse à désirer que sur la
forme ou même par les dimensions, il est prudent
d'attendre et de surseoir à l'exclusion de cette variété,
en la soumettant à plusieurs regreffages successifs, de
manière à hâter la fixité définitive de ses caractères,
ce qu'on pourrait nommer l'*adultilité*.

Un exemple frappant de cette variation, qui justifie
et corrobore nos dires, est fourni par la poire *Passe-
Crassane* qui, moyenne lors de sa première fructification, a tellement augmenté de volume qu'elle est à
peine reconnaissable.

Bien que les changements dont nous parlons ne se
montrent guère que sur les poiriers, nous avons cru
devoir faire un paragraphe spécial afin d'appeler l'attention sur ce phénomène physiologique qui, peut-
être, pourrait également se manifester sur d'autres
sortes d'arbres fruitiers. La théorie, sur ce point, paraît affirmer le fait; c'est à la pratique à le vérifier.

Faisons toutefois observer que pour que ces regreffages aient plus de chance d'être suivis de succès, on
devra opérer sur un sujet adulte ou dont la nature est
favorable au développement des fruits, par exemple
sur coignassier s'il s'agit de poiriers, sur paradis s'il

s'agit de pommiers. A défaut de ces sujets on peut greffer sur une sorte quelconque de l'espèce en expérimentation en choisissant pourtant, autant que possible, des arbres fertiles et dont les fruits sont gros et de bonne qualité.

Après toutes ces considérations générales qui nous paraissent comprendre, sinon toutes les particularités, du moins le plus grand nombre de celles se rapportant aux arbres fruitiers de semis, nous allons, dans des chapitres spéciaux, passer en revue chaque genre en énumérant les principaux soins ou traitements qu'il convient de leur donner et en rapprochant autant que possible les sortes dont la culture et les traitements sont analogues. Nous allons commencer par les pêchers et les brugnonniers que, vu leur grande similitude, nous réunissons dans le même chapitre. Ce sera la seconde partie de l'ouvrage.

LIVRE SECOND.

SEMIS ET MISE A FRUIT

DES

ARBRES FRUITIERS.

———————◦◦◦◦◦———————

DESCRIPTION DES ESPÈCES.

————〰〰〰————

§ I. — Pêchers et Brugnonniers (*Persica*).

Famille des Rosacées.

Les caractères de végétation des Pêchers et des Brugnonniers étant similaires, il en est de même de leur culture ainsi que des divers traitements qu'il convient de leur appliquer, ce qui explique la réunion que nous en faisons dans un même chapitre.

Si l'on sème en vue de se procurer des sujets pour greffer, alors on n'a pas à se préoccuper du choix des noyaux ; tous ceux de l'espèce seront bons ; pourtant, autant que possible, on devra prendre des amandes amères, là où l'on emploie l'amandier comme porte-greffe, à moins qu'on soit dans une localité où les pêchers sont préférables comme sujets ; mais si au contraire on cherche à obtenir de nouvelles variétés, on devra prendre les noyaux parmi celles dont on veut conserver les caractères tout en cherchant à les augmenter et à les améliorer.

Bien que, au point de vue pratique c'est-à-dire de la culture et du traitement, nous réunissions les *pêchers* et les *brugnonniers,* nous les considérons néanmoins comme deux types très distincts par la nature et les qualités de leurs fruits; sous ce rapport ce sont des choses tout à fait différentes, aussi recommandons-nous de les semer, non seulement séparément mais même par variétés de manière à se rendre compte de leur fixité dans la reproduction. Remarquons toutefois que cette fixité est très inégale : tandis que les pêchers ne donnent à peu près jamais autre chose, les noyaux de brugnonniers, au contraire, produisent très fréquemment des pêchers. Les brugnonniers paraissent un type d'apparition plus récente qui, dans les cultures, se produit parfois par dimorphisme sur le pêcher.

Le choix étant fait, on sème les noyaux de suite, soit en place soit en pépinière, et on repique les plants en ligne ou isolément, où on les laisse jusqu'à ce qu'on en ait constaté la fructification. Pour effectuer le repiquage, qui se fait au premier printemps, on prend les sujets encore munis du noyau, c'est-à-dire à l'état de germination, on en pince la radicule avec l'ongle et on les plante de manière que les cotylédons reposent sur le sol. Si au contraire l'on a semé en place, on n'a plus à s'occuper des sujets que pour leur donner des soins en rapport avec leur nature. Mais comme les plantes s'allongent très vite, on peut en pincer les branches et même la tige de manière à les faire ramifier et que les yeux des parties inférieures ne s'éteignent pas. On pourrait aussi pincer les feuilles afin de hâter les modifications. Comme d'une autre part le but principal est de voir les fruits, on doit autant que possible protéger les fleurs et même au besoin pincer les rameaux qui en portent, de façon à ce qu'elles soient bien nourries et que les fleurs *nouent*. — Les pêchers de semis fructifient à l'âge de 3 à 4 ans.

§ II. — Amandiers (*Amygdalus*).

Famille des Rosacées.

Malgré qu'il y ait plusieurs sortes botaniques d'Amandiers, au point de vue qui nous occupe il n'en est qu'une d'intéressante : c'est l'espèce commune et tout particulièrement celle à *coque tendre*, dite aussi *amande princesse*. Toutefois comme leur culture est identique, ce qui sera dit de l'une peut s'appliquer à toutes les autres.

Comme organisation et comme nature, on peut considérer les amandiers comme étant le type des pêchers. En effet, dans les semis d'amandes que l'on fait, on trouve parfois presque tous les intermédiaires entre les amandiers et les pêchers. Même sous le rapport des fruits, qui est le seul côté par lequel les amandiers diffèrent des pêchers, on rencontre une infinité de variétés qui relient étroitement ces deux groupes. Outre que leurs fleurs sont à peu près identiques et varient aussi dans les mêmes proportions, on trouve également dans les amandiers des fruits très différents comme dimensions, formes et même comme nature, telles sont celles que, comme arbres, on a qualifiés *amandiers-pêchers*, et, comme fruits *amande-pêche*. Il y a plus, on trouve parfois sur ces derniers des fruits intermédiaires rappelant les uns des pêches les autres des amandes.

Quoi que très voisins des pêchers, les amandiers par leur culture présentent néanmoins quelques différences soit quant à l'époque de faire les semis, soit en ce qui concerne le traitement des plants. D'abord, pour les semis, les amandes (dans le nord et même dans le centre de la France) pouvant pourrir l'hiver si on les semait de suite, ou bien germer et qu'alors les jeunes plants pourraient souffrir pendant cette saison, on met stratifier les amandes et on plante en mars quand la radicule commence à s'allonger ainsi qu'il a été dit des pêchers.

Quant au traitement des jeunes plants, il diffère quelque peu ; l'amandier exigeant un temps plus long à se mettre à fruit, — de 4 à 10 ans et même plus — on doit planter les sujets à une distance un peu plus grande ou bien les traiter de manière à en restreindre les dimensions tout en cherchant à hâter la fructification.

Si l'on sème pour faire des sujets, on prend des amandes à coque dure et à saveur amère, et si parfois dans les individus qui en proviennent il s'en trouve qui aient une belle apparence qui « marquent bien, » on peut les conserver et on les observe jusqu'à la fructification afin d'en constater le mérite.

§ III. — Abricotiers (*Armeniaca*).

Famille des Rosacées.

Le mode de semis des Abricotiers est semblable à celui qu'on pratique pour multiplier les amandiers, et il en est à peu près de même pour le traitement qu'il convient d'appliquer aux plants.

On récolte les fruits sur des sortes méritantes, puis on en extrait les noyaux qu'on lasse sécher un peu pour ne les mettre en stratification que vers la fin de l'automne. Quant aux plants, on les repique en pépinière ou en place ainsi qu'il a été dit de ceux d'amandiers. On pince et au besoin on taille de manière à accélérer le développement des brindilles fruitières.

Les abricotiers, surtout ceux de semis, ayant une tendance à buissonner, il faudra enlever avec soin les parties grêles et mal constituées afin de laisser de l'air à celles qui, mieux nourries et bien placées paraissent les plus disposées à la fructification. En général celle-ci ne se montre que sur des sujets de 4 à 6 ans. Si dans les semis on voyait des individus dont l'aspect semble de bon augure, on pourrait en prendre des yeux que l'on grefferait sur des pruniers déjà âgés ou sur des abricotiers; au besoin même on pourrait les placer sur leur propre tige ou sur des fortes branches.

Aussitôt qu'on verra apparaître les fleurs, on devra les protéger contre les gelées qui en général sont assez fréquentes à l'époque où a lieu la floraison des abricotiers.

§ IV. — Cerisiers et Guigniers (*Cerasus*).

Famille des Rosacées.

Scientifiquement, les Cerisiers et les Guigniers ou Bigarreautiers sont considérés comme synonymes et classés sous la dénomination *Cerasus* ou Cerisier. Dans la pratique, il en est autrement; on établit deux séries : les cerisiers et les guigniers. Cette division est rationnelle, puisqu'elle permet de séparer des choses qui, bien que voisines, se distinguent assez facilement, sinon pourtant par leurs extrêmes qui se touchent et même se confondent, mais par des intermédiaires qui présentent parfois des différences considérables. Cette séparation, du reste, semble se justifier même en dehors des cultures, à l'état dit sauvage, puisque, dans nos bois même, l'on rencontre les deux types qui sont toujours complètement distincts tant par leur aspect et leur végétation que par la nature de leurs fruits. Dans ces conditions l'un porte le nom de *cerisier*, l'autre celui de *merisier*, que la pratique a adopté. C'est de ce dernier que sont sortis les guigniers et les bigarreautiers. Toutes les sortes issues des merisiers ont les fruits doux, sucrés, quelques-uns même fadasses, tandis que les cerisiers ont les fruits acides ou aigres, rarement doux, si ce n'est chez les sortes qu'on nomme *cerises anglaises;* formes intermédiaires qui relient et fondent les deux types bien que par l'ensemble de leurs caractères elles se rattachent beaucoup plus aux guigniers qu'aux cerisiers proprement dits. Mais au point de vue de la culture, il n'y a pas de différence à établir; sous ce rapport nous les confondons. Toutefois, nous ferons remarquer que pour semer l'on devra choisir les sortes qu'on désire surtout propager : Cerises, Guignes ou Bigarreaux, car tous ces sous-types ayant une tendance à se reproduire et à former des races, il est toujours bon de les semer séparément.

Après avoir réuni les fruits qu'on destine aux semis, on en extrait les noyaux qu'on nettoie, laisse sécher et conserve jusqu'à ce qu'on les mette en stratification, ce qui doit se faire dans le courant de l'automne. Au printemps, quand les noyaux sont sur le point d'émettre les premiers organes, on sème en terre préparée et bien ameublie, et les choses restent ainsi jusqu'à ce qu'on fasse le repiquage des plants.

Le repiquage des cerisiers se fait comme il a été dit pour les amandiers et les abricotiers, et les plants doivent se traiter d'une manière analogue. Les premières fructifications ne se montrent guère avant que les arbres aient au moins 4, 5 ans, souvent quand ils sont beaucoup plus âgés; mais si l'on voulait on pourrait hâter la floraison de certains sujets de belle apparence en leur faisant subir quelques-unes des opérations indiquées dans le chapitre *Considérations générales*, tels que déplantation, arcure, incision, pinçage, greffe, etc., en se basant pour l'application de ces divers traitements sur les principes que nous avons posés. Quant à la greffe, on la pratiquera soit sur merisier soit sur sainte-lucie (*Cerasus mahaleb*), plutôt même sur ce dernier qui paraît hâter davantage la fructification et même agir favorablement sur le volume des fruits et sur la fertilité des arbres.

V. — Pruniers (*Prunus*).

Famille des Rosacées.

Quelques mots sur l'origine des Pruniers. D'abord, y a-t-il plusieurs sortes de pruniers, et si oui, la France en possède-t-elle (1)? Sur les deux questions nous n'hésitons pas à répondre affirmativement. Il est même un de ces types qui est connu à peu près de tout le monde, qu'on rencontre presque partout dans le centre et dans le nord de la France; c'est le Prunellier ou prunier épineux (*Prunus spinosa*), vulgairement appelé Épine noire, qualification due à la cou-

(1) Voir *Revue horticole*, 1876, p. 393, l'opinion que nous avons émise sur l'*origine* des pruniers domestiques.

couleur de l'écorce qui, en effet, est toujours plus ou
moins noire. Constatons que, à l'état sauvage, cette
espèce varie peu, excepté par ses fruits qui sont un peu
plus petits ou un peu plus gros, mais toujours noirs,
plus ou moins bleuâtres; tous ses autres caractères
restent à peu près les mêmes. Faisons pourtant observer que l'on trouve parfois isolés, quelquefois même
réunis des sujets un peu différents, plus vigoureux,
plus élancés et moins épineux que certains autres,
à feuilles et à fleurs plus grandes et à fruits aussi
beaucoup plus gros. Ajoutons encore qu'on rencontre
également des intermédiaires par la couleur et la nature des fruits.

D'où vient ce dernier type? dérive-t-il du précédent?
Nous ne savons; mais ce que nous pouvons assurer,
c'est que ce sont des choses très distinctes, du moins
quand on les voit à l'état sauvage. Tous les individus
qui rentrent dans cette dernière catégorie sont considérés par les botanistes comme se rattachant au *Prunus
insititia* qui, pour nous, n'est pas autre chose qu'une
forme de prunellier.

Il y a beaucoup d'autres types spécifiques du genre
Prunus; presque toutes les parties du monde en renferment quelques-uns.

Maintenant et sans sortir de la France où il y a
encore différentes autres formes de pruniers, où l'on
rencontre aussi le *Prunus domestica* que vaguement
l'on dit d'Europe et qui nous paraît très étroitement
lié au *Prunus insititia,* on peut se demander quelle
part le *Prunus spinosa* a prise dans les nombreuses
formes de pruniers que l'on rencontre aujourd'hui
dans les cultures. Il est impossible de le dire; nous
ne croyons même pas qu'on ait à ce sujet tenté de sé-

rieuses expériences. Pourtant et quoi qu'il en soit, on ne peut mettre en doute qu'on pourrait en obtenir même de très remarquables. Cette conviction résulte de faits que nous allons rapporter.

De semis de noyaux de *Prunus spinosa* que nous avions récoltés à l'état tout à fait sauvage, nous avons obtenu d'un premier semis deux plantes tout à fait différentes, l'une excessivement naine à bois court et complètement inerme, à feuilles relativement grandes, qui n'a jamais fleuri, que nous avons nommée *Prunus humilis* (1); l'autre formant un véritable arbre dont le port, le facies et la végétation rappelaient tous les caractères de nos pruniers cultivés; nous lui avons donné le qualificatif *insignis* (2). Quant à ses fruits, ils rappelaient assez exactement ceux d'une espèce cultivée dans certaines parties de la France sous le nom vulgaire *Domino*.

Après ces quelques considérations générales qui pourront paraître un peu étrangères à notre sujet, bien qu'elles s'y rattachent étroitement, nous allons continuer par les semis de pruniers, faits dans le but d'obtenir des variétés. Du reste, nous n'avons rien de particulier à dire et ce qui précède sur les cerisiers pouvant s'appliquer aux pruniers, nous n'aurions donc guère qu'à répéter ce que nous avons dit de ceux-ci, soit pour le choix et le semis des graines, soit pour le repiquage et le traitement des plants.

Les pruniers de semis ne commencent guère à fructifier avant l'âge de 6 à 7 ans, mais il arrive fréquemment que certains individus ne fleurissent pas avant

(1) Voir *Revue horticole,* 1872, p. 448.
(2)   *ibid.*   1870-1871, p. 534.

10 à 15 ans; nous en avons même vu un qui, âgé de 21 ans, n'avait jamais montré de fleurs.

Quand on greffe pour avancer la fructification, on se sert de parties qui paraissent le plus modifiées, qu'on place sur de vieux pruniers en plein rapport : ainsi du reste que nous le disons plus loin au sujet des poiriers, etc.

Quant au choix des graines ou au traitement des plantes, on suivra les indications que nous avons fait connaître ci-dessus soit dans les *Considérations générales*, soit particulièrement en ce qui concerne les pêchers, cerisiers, etc., etc.

§ VI. — Poiriers (*Pirus*).

Famille des Rosacées.

Encore un genre d'arbres fruitiers dont le type qui est dans nos bois permet de juger l'immense progrès qu'a fait de ce côté l'arboriculture fruitière. En effet, lorsqu'on considère ces innombrables variétés de Poiriers qui peuplent nos vergers et dont les fruits sont si remarquables par leurs qualités, leurs formes, leurs couleurs et surtout par leurs dimensions, on ne se douterait guère que leur souche se trouve dans ces arbres buissonneux, rabougris et épineux dont les fruits sont si petits, acerbes et astringents, que l'on rencontre dans nos bois, ce qui pourtant est vrai.

De tous les arbres fruitiers le poirier est certainement celui sur lequel les semeurs ont plus particulièrement porté leur attention. Comme culture, soins, etc., nous n'avons rien de particulier à dire sur ces arbres, si ce n'est que la fructification se fait parfois attendre très longtemps sur les individus provenant de semis.

Il faut donc, quand on plante de ces sujets issus de graines, tenir compte de cette particularité et agir en conséquence, c'est-à-dire les mettre à des distances qui leur permettront de se développer et de fructifier. C'est donc aussi le cas d'employer tels ou tels des divers moyens indiqués pour hâter la fructification des sujets rebelles; l'arcure, la déplantation, le cassage, la suppression des racines, etc., mais surtout la greffe que, au besoin, l'on pratique sur des essences étrangères au poirier tels que coignassier, épines, etc., mais toujours sur des individus âgés qui fructifient, parce que leurs sucs étant déjà plus modifiés paraissent plus aptes à la production de fruits.

Malgré l'homogénité apparente du genre poirier, et ce monotypisme qu'ils paraissent présenter, les botanistes, à tort certainement, n'en ont pas moins fait plusieurs espèces dont un certain nombre habitent les bois de la France. Quelle est la valeur de ces espèces? Le fait nous importe peu. Au point de vue où nous nous plaçons, nous n'hésitons pas à les réunir, cela par ce fait qu'elle sont toutes très variables et, que par des semis successifs, elles arrivent à se confondre toutes avec le *Pirus communis* dont, au reste, certaines ne diffèrent guère que par le nom.

Dans la culture spéculative des poiriers, on établit deux catégories qui, bien qu'empiriques, n'en ont pas moins une très grande valeur économique particulière, c'est-à-dire commerciale. L'une comprend les poiriers *à cidre*, l'autre les poiriers *à couteau*, groupes qui scientifiquement se confondent mais dont on doit tenir compte quand il s'agit de faire des semis, car bien que des graines de poirier à cidre puissent produire des variétés dites *à couteau*, et *vice-versa*,

4

on a pourtant beaucoup plus de chance d'obtenir ce qu'on cherche en prenant les graines sur des individus qui déjà présentent ce caractère.

Donc, pour faire des semis de poiriers faits en vue de l'obtention des nouvelles variétés, il faut, parmi celles que l'on possède, choisir d'abord les plus méritantes, qui présentent déjà les qualités que l'on recherche et sur ces variétés prendre les plus beaux fruits dont on extrait les graines, en choisissant toujours les plus belles, les plus fortes et les mieux conformées qu'on nettoye et lave pour les débarrasser du corps mucilagineux qui les recouvre; puis on les fait sécher pour ensuite les stratifier de manière à faire les semis au premier printemps ou même plus tôt si les graines manifestaient un commencement de germination.

On sème en rayon ou mieux en plein et assez éloigné afin que les plants soient aérés et qu'ils se constituent bien. On pourrait même, si l'on n'avait que peu de graines, repiquer les plants plusieurs fois dans de bonnes conditions en prenant les précautions nécessaires afin qu'il n'y ait que très peu d'arrêt dans la végétation. C'est le procédé Tourrasse dont nous avons parlé plus haut (voir page 10). Quand, au contraire, on a beaucoup de plants, on peut opérer la plantation quand la végétation des sujets est à peu près terminée, c'est-à-dire vers l'automne, ou bien attendre au premier printemps ainsi que cela se fait pour presque toutes les essences ligneuses.

On estime qu'en général il faut en moyenne de 6 à 13 ans d'âge aux poiriers de semis pour qu'ils soient aptes à donner des fruits. Si parfois l'on voit certains individus fructifier avant cet âge, ce n'est

jamais qu'une exception; c'est possible d'une manière
générale, mais ce qui n'est pourtant pas rare, c'est
d'en voir qui mettent un temps beaucoup plus long
à produire leurs premiers fruits. Mais à l'aide des différents procédés que nous avons indiqués dans les
Considérations générales, on peut hâter de beaucoup
cette époque d'*adultilité.*

Nous croyons aussi devoir rappeler ce que nous
avons dit : qu'il arrive fréquemment que les premiers
fruits de certaines variétés n'ont pas acquis leur perfection et que plusieurs récoltes soient nécessaires
pour qu'on puisse les juger. (Voir, à ce sujet, ce que
nous avons dit plus haut et particulièrement au chapitre *Mutabilité des formes,* page 46.)

Il va sans dire que les précautions que nous avons
indiquées pour le choix des graines ne sont pas
nécessaires quand il s'agit de l'obtention de sujets
destinés à être greffés. Dans ce cas, on prend les
graines sur des individus vigoureux quelles que soient
les qualités de leurs fruits.

§ VII. — Pommiers (*Malus*).

Famille des Rosacées.

Sous le rapport de l'origine, il en est absolument
des Pommiers comme des Poiriers : ils ont leur type
dans nos bois, où, buissonneux et diffus, les arbres
ne donnent que des fruits petits, acerbes ou sans saveur et presque toujours à peu près complètement
verts.

Par leur organisation et leurs caractères scientifi-
ques, les pommiers sont tellement voisins des poiriers que la plupart des botanistes les ont considérés

comme rentrant dans le même genre *Pirus*. Il est vrai que si comme caractère générique on veut chercher une base solide et bien distincte entre eux, on ne sait où s'arrêter. Il y a plus, la similitude entre un grand nombre d'arbres de la famille des rosacées est telle que certains botanistes ont même fait entrer dans ce genre *Pirus* (Poirier) non seulement les poiriers proprement dits, etc., mais les Coignassiers, les *Chænomeles*, les *Arias*, les *Sorbiers*, les *Mespilus*, les *Cratægus*, etc., réunion que nous n'admettons pas parce que au point de vue pratique elle a des conséquences des plus fâcheuses en confondant sous un même nom des plantes qui sont complètement différentes par leurs propriétés de même que par leur culture. Aussi doit-on rejeter cette réunion, tous ces arbres ayant une végétation et même des tempéraments très dissemblables, toutes choses qui déterminent pour chacun des traitements particuliers. Ainsi le pommier ne reprend pas ou ne reprend que très difficilement sur le coignassier quand on l'y greffe, tandis que le poirier y réussit parfaitement. D'une autre part, tandis que le poirier vit très bien sur coignassier, sur l'épine, sur le cotoneaster et même sur le sorbier, on ne connaît jusqu'à ce jour, que nous sachions du moins, aucun exemple de pommier qui aurait vécu sur d'autre arbre que sur lui-même (1), si ce n'est peut-être sur le *Stranswesia*, avec lequel le pommier paraît avoir quelqu'affinité.

(1) Il se pourrait pourtant que le climat et les milieux influent parfois assez pour modifier les tissus des plantes et qu'alors ces espèces puissent vivre en commun. C'est en effet ce que l'on voit chez M. Tourasse à Pau, ou des écussons de pommier placés sur des coignassiers ont atteint, en deux ans, 2 mètres de hauteur.

Y a-t-il eu primitivement plusieurs types de pommier? Que, au point de départ il n'y ait eu qu'un type de pommier ou bien que déjà il s'en soit montré plusieurs sur différents points du globe, c'est ce qu'il est impossible de dire et qui, du reste, n'a ici qu'une importance très secondaire ; ce qu'on peut affirmer aujourd'hui, c'est qu'au point de vue économique et industriel on peut partager les pommiers en plusieurs groupes qui, bien qu'ils se fondent et qu'à vrai dire il n'y ait pas entre eux de solution de continuité, présentent néanmoins d'assez grandes différences pour qu'on puisse les séparer dans la pratique spéculative. Sous ce rapport les pommiers peuvent être partagés en trois groupes les *microcarpes* ou *baccifères*, qui sont des arbustes ou des arbrisseaux d'ornement, et dans les deux groupes que nous avons signalés plus haut : les pommiers *à cidre* et les pommiers dits *à couteau*.

Malgré que ces deux derniers groupes se lient étroitement puisqu'il en est beaucoup dont on peut à la fois manger les fruits ou en faire du cidre, et *vice versa,* on peut dire que, en général, ils sont assez distincts pour être séparés; aussi dans la pratique des semis devra-t-on toujours en tenir un grand compte et semer séparément les graines des catégories ou groupes dont on cherche à obtenir des variétés. Il faudra donc dans ce cas, et ainsi que nous l'avons recommandé pour les poiriers, choisir avec grand soin sur les sortes que l'on tient à propager et à améliorer, les plus beaux et les meilleurs fruits et en extraire les pepins que l'on sème ou stratifie après les avoir nettoyés. Les semis définitifs se font au printemps, on opère comme on le fait pour les poiriers, et il en est de même pour tous les autres travaux : repiquage, plantations, etc., le

4.

but à atteindre étant le même : chercher le plus promptement possible à déterminer la mise à fruits des plantes de semis.

La moyenne du temps nécessaire pour amener les pommiers de semis à donner leurs premiers fruits, est de 6 à 10 ans. Pourtant il y a quelquefois des exceptions surtout dans les pommiers microcarpes qui, en général, fructifient beaucoup plus tôt que les pommiers à fruits dits à *couteau*.

En général aussi le fruit des pommiers est moins sujet aux variations de forme que celui des poiriers. A moins que les arbres soient malades ou placés dans de mauvaises conditions, les variétés se montrent de suite avec le caractère qu'elles devront conserver.

Quant à ce qui concerne la *forme* des pommes, ce caractère n'est pourtant pas aussi invariable qu'on l'avait cru jusqu'ici. En effet il existe à Déville, près Rouen, dans un herbage, un pommier qui en 1880, portait en très grande quantité des fruits de plusieurs formes très différentes; les uns (le plus grand nombre) rappelant celle des pommes de forme normale, d'autres qui ressemblaient à des poires parfaitement caractérisées (1), on en trouvait aussi d'intermédiaires qui reliaient ces deux formes extrêmes en les confondant. Notons toutefois que chez tous les fruits la saveur et la nature de la chair étaient celles de la pomme. Ajoutons aussi que les pepins étaient allongés et très pointus par l'un des bouts absolument comme le sont ceux des poires bien caractérisées. Il ne reste donc, en réalité, pour distinguer ces deux fruits, pommes et poires, que la saveur. Or, comme celle-ci résulte d'une combinaison

(1) Voir *Revue horticole*, 1881, p. 54.

particulière des éléments composants, ne pourrait-il se faire que l'on trouve un jour des pommes ayant une saveur de poire ?

Ainsi que nous l'avons dit pour les poiriers, si l'on faisait des semis pour se procurer des sujets pour la greffe on prendrait ses pepins dans les fruits provenant d'arbres vigoureux ; dans ce cas même on les prend presque toujours dans des marcs de cidre.

§ VIII. — Coignassiers (*Cydonia*).

Famille des Rosacées.

Il est très rare que l'on fasse des semis de Coignassiers, ces arbres n'étant guère considérés que comme *sujets* pour greffer les poiriers. Aussi ne multiplie-t-on guère autrement que par bouture ou par butte-cépée, c'est-à-dire à l'aide de branches que l'on coupe aux arbres ou bien de jets qui partent de leur souche, ce qui explique le peu de variétés qu'on possède de ce genre d'arbre. On est même autorisé à croire que sous ce rapport les trois sortes de coignassiers que l'on cultive aujourd'hui ne sont guère autre chose que les types tels qu'ils ont été importés, car aucune de ces espèces ne paraît appartenir à la France proprement dite, bien qu'il ne soit pourtant pas démontré que le coignassier commun ne s'y trouve pas à l'état dit sauvage, dans les parties méridionales.

Si cependant l'on voulait obtenir des variétés de coignassier, on devrait procéder exactement comme nous l'avons dit pour les poiriers : semer les graines de la sorte que l'on désire particulièrement améliorer, laisser fructifier les sujets et choisir parmi ceux-ci les individus qu'on reconnaîtrait les plus méritants. Peut-être, dans cette circonstance, conviendrait-il d'opérer la fécondation artificielle afin d'augmenter les chances favorables et d'obtenir plus vite des sortes méritantes.

Dans le cas où l'on voudrait tenter cette opération de la fécondation, nous conseillons de prendre comme père le coignassier de la Chine dont le fruit, qui vient énorme, dégage une odeur si remarquablement agréable, et, comme mère, soit le coignassier commun, soit le coignassier de Portugal qu'on rencontre plus particulièrement dans le midi de l'Europe et aussi dans les cultures.

Les semis et ensuite les soins à donner aux plants de coignassier étant exactement semblables à ceux qu'on accorde aux poiriers, nous ne les rappellerons pas. Quant à la première fructification des coignassiers provenant de graines, elle se montre dans un intervalle de temps qui varie entre 5 et 8 ans.

§ IX. — Coignassier du Japon (*Chænomeles*).

Famille des Rosacées.

Jusqu'à ce jour les *Chænomeles*, vulgairement Coignassier du Japon, n'ont guère été cultivés que comme des arbustes d'ornement. Sous ce rapport, du reste, ils peuvent passer en première ligne, car comme beauté et abondance de fleurs, il est peu d'espèces qui pourraient leur être comparées. Mais c'est à peu près tout leur mérite.

Pourrait-on, au point de vue des fruits qu'ils produisent en très grande quantité, cultiver les chœnomeles avec quelque avantage? Le fait n'est pas improbable en les considérant cependant à un point de vue spécial et, bien entendu, sans comparer ce genre même à son congénère le coignassier proprement dit. Ce n'est guère, quant aujourd'hui, du moins, que pour l'odeur si agréable et si singulière que dégagent ses fruits qu'on pourrait en essayer l'utilisation soit pour en faire des liqueurs, ou peut-être même, pour en extraire des essences, ce qui pourtant ne prouve pas qu'on ne parviendrait pas à obtenir des variétés dont les fruits pourraient servir à l'alimentation. En effet lorsqu'on réfléchit à ce qu'a été le point de départ de certaines sortes fruitières et qu'on le compare aux résultats qu'on a obtenus de ces mêmes sortes, l'on se demande si on n'est pas autorisé à tenter l'amélioration des chœnomeles au point de vue des fruits; à celui des fleurs le succès n'est pas douteux.

Mais comme ici nous recherchons surtout l'amélioration des fruits, il faudra, pour faire les semis, prendre les graines des sujets qui sont déjà sensiblement améliorés; et sous ce rapport le choix est grand, car déjà dans les variétés qu'on possède il en est qui, outre de belles fleurs, ont les fruits très gros, de formes différentes et qui par ces dernières présentent déjà des améliorations sensibles.

Les semis se font à l'automne, ou bien au printemps si l'on avait à redouter les froids de l'hiver. Les graines lèvent bien et promptement, de sorte que, dans l'année même du semis, les plants atteignent des dimensions qui en permettent la plantation, qui, alors, se fait en lignes ou en massifs.

Les chœnomeles, qui ne craignent nullement les froids, s'accommodent de presque tous les terrains, pourvu qu'ils ne soient pas exclusivement calcaires.

Les plants fructifient dans l'intervalle de 3 à 5 ans ;
mais la fructification ne permet souvent pas de juger
la valeur des fruits les premières années de la floraison. Alors les sujets méritants sont mis de côté et
multipliés par tronçons de racines que, si possible,
l'on plante en terre de bruyère.

§ X. — Cormiers (*Cormus*).

Famille des Rosacées.

Le Cormier, vulgairement sorbier domestique (*Sorbus*
ou *Cormus domestica*, des botanistes), à peine connu
dans le nord de la France, l'est davantage dans le
centre et surtout dans le sud-ouest, où on le rencontre
même parfois à l'état sauvage dans certaines parties
boisées. C'est un très bel arbre d'ornement mais d'une
croissance très-lente ; aussi son bois est-il d'une excessive dureté. Ses fruits, nommés *Cormes*, sont récoltés
pour en fabriquer une sorte de cidre qui est extrêmement capiteux. C'est du reste comme arbre fruitier à
cidre que dans certains endroits le Cormier est cultivé
et, dans ce cas, on le plante isolément ou en lignes le
long des chemins.

Si l'on voulait améliorer cette espèce et en obtenir
des variétés, il faudrait procéder comme il a été dit des
poiriers : faire des semis qu'on traiterait comme s'il
s'agissait de ces derniers. Pour en activer la floraison,
on pourrait greffer les jeunes arbres dont le faciès
semblerait promettre quelque chose d'avantageux, sur
le sorbier commun ou sorbier des oiseaux sur lequel,
du reste, il reprend et vit très bien. On peut aussi le
greffer sur épine.

Les sujets de cormier provenant de graines fructifient à l'âge de 5 à 10 ans.

Le Cormier présente cette particularité que, dans sa jeunesse, du moins, il croît difficilement si on le plante isolément. Pendant cette période il est ce qu'on pourrait appeler *sociable*. En effet l'on a remarqué que les jeunes plantes ne poussent réellement bien que si on les place parmi des espèces variées et même assez rapprochées de celles-ci. Seules, les plantes boudent, restent rabougries, et végètent faiblement.

§ XI. — Vignes (*Vitis*).

Famille des Viticées.

Il est bien entendu qu'il s'agit, ici, des vignes à vins seulement et non des diverses espèces qu'on a fait également entrer dans ce genre, mais qui ne sont guère que des plantes d'ornement et dont, au reste, on a formé les sections *Cissus* et *Ampelopsis*. Y a-t-il parmi ces groupes des sortes qui pourraient être employées comme nos vignes pour en faire des boissons fermentées? Jusqu'ici l'on n'en connaît pas.

De tous les arbres fruitiers, la vigne est peut-être un de ceux qui varient le plus, ce qui explique le nombre considérable de formes que l'on rencontre dans le commerce. Ce qui certainement a beaucoup contribué à augmenter ce nombre, c'est la grande facilité avec laquelle ces plantes se transforment naturellement, c'est-à-dire produisent des raisins différents soit par la couleur, la forme, la tardiveté ou la hâtiveté, soit par les caractères de végétation, de la forme normale c'est-à-dire de celle qui est propre à l'espèce sur laquelle se

developpent spontanément ces·formes. De sorte que
dans une vigne primitivement plantée avec une seule
variété, il n'est pas rare d'en rencontrer plusieurs au
bout d'un certain nombre d'années. Ces variations n'ont
toutefois rien d'absolu ni par les caractères ni par le
nombre : conséquences du milieu du sol et de la végétation, elles sont relatives à ces choses et en rapport
avec elles. On donne à ces apparitions, dont on s'est
rarement rendu un compte exact, les noms de *semis de hasard*, d'*accidents*, de *dimorphisme*, parfois
même d'espèces spontanées, parce que, en effet, elles
semblent nées d'elles-mêmes.

Il y a certainement aussi de nombreuses sortes de
vignes provenant de pepins issus des marcs de raisin
qu'on est dans l'habitude de répandre sur le sol après
les vendanges, ou parfois de ceux qui proviennent des
déjections humaines ou animales. Rarement, et quoi
qu'on en dise, on a opéré méthodiquement, contrairement à ce que nous allons conseiller de faire, et l'on
pourrait même affirmer que la plupart des cépages de
semis que l'on possède n'ont rien de précis quant à
leur obtention.

Toutefois, comme il importe de réunir le plus
de chances possibles en faveur du but qu'on veut
atteindre, il faut agir en conséquence. Pour obtenir
ce résultat, il faut d'abord se bien pénétrer de ceci :
qu'il y a des vignes dont les propriétés sont très différentes, et que d'après ces propriétés les plantes ont
été partagées en deux groupes comprenant l'un les
vignes *à vin*, l'autre les vignes dites *de table*. Il va sans
dire que cette division n'a rien d'absolu et qu'elle
varie suivant les lieux et les climats ; car outre que
tous ou à peu près tous les raisins peuvent être man-

gés, on voit aussi que telle espèce considérée presque exclusivement comme raisin de table dans un pays peut, dans un autre, être employée à la fabrication du vin. La richesse alcoolique du mout, sa saveur, sa vinosité, la fertilité du cépage ou la nature de ses fruits feront parfois adopter plutôt telle variété que telle autre, tandis que le contraire pourrait arriver pour d'autres pays.

Pourtant il faut reconnaître qu'il y a des données générales dont il faut tenir compte et qui font que telle sorte est plutôt propre à la *cuve* qu'à la *table*. Dans tout ceci c'est l'expérience et l'intérêt qui guident.

Mais quoi qu'il en soit, et en tenant compte des observations qui précèdent, voici ce que nous conseillons de faire.

Sur une variété qu'on reconnaît méritante, on choisit un certain nombre de grappes de belle apparence et dont on supprime même les grains défectueux ; on en extrait les pepins qu'on lave et débarrasse des mucosités qui les entourent, on laisse ressuyer, puis on prépare un sol, que l'on recouvre au besoin d'une petite épaisseur de terre meuble ou de terreau et l'on sème les pepins que l'on n'enterre que très peu. Il est bon de mettre sur le tout une couche mince de grande paille qui non seulement conserve l'humidité, mais empêche que les graines soient entraînées par les pluies ou par les arrosages.

Si l'on ne sème qu'au printemps, il est bon de faire préalablement tremper les graines dans de l'eau, afin d'en distendre les tissus et faciliter la germination qui alors a lieu beaucoup plus tôt. Le temps de l'immersion n'a rien d'absolu ; il peut varier de un à trois jours suivant l'état de siccité ou de la nature des graines. Toutefois il ne faudra pas trop la prolonger; dans cette circonstance l'excès en moins serait préférable à *l'excès* contraire, parce qu'alors il pourrait y avoir désorganisation ou affaiblissement, peut-être même pourriture de l'embryon. Un très bon moyen, c'est de semer à chaud par exemple sur couche soit en pleine terre si l'on a beaucoup de graines soit en pot ou en terrines, dans le cas contraire.

Les plants devront être repiqués dans de bonnes conditions d'exposition de manière à ce qu'ils soient fortement ensoleillés, et contrairement à presque tous les arbres il est préférable que les plants de vigne soient vigoureux. Mais comme abandonnées à elles-mêmes ces vignes prendraient trop de développement et formeraient des buissons confus, il faudra chaque année tailler de façon à établir une bonne charpente et à obtenir du bois bien constitué, puis allonger les sarments en ayant soin de les incliner, même au-dessous de *l'horizontale*, et, au besoin, de contourner et d'enlacer les sarments de manière à multiplier les surfaces, en pinçant successivement afin d'aérer et, en limitant l'élongation, de concentrer la sève sur les parties conservées pour en hâter la fructification.

Ainsi traitées, les vignes commenceront à fructifier vers l'âge de 4 à 9 ans environ, quelques pieds du moins, mais d'autres pourront mettre un temps plus long. Du reste, rien d'absolu à cet égard; mais ce qu'on peut affirmer, c'est que, en général, les vignes de semis ne fructifient qu'à un âge assez avancé. Cependant sur toutes ces choses on n'a rien de certain, et il est possible qu'il y ait de grandes différences suivant les variétés qu'on soumettrait à l'examen, aussi engageons-nous à multiplier les expériences, en semant *à part* les variétés et en notant avec soin toutes les particularités que présenteraient les plantes soit dans la végétation, dans la reproduction, en un mot dans tous les caractères, de manière à avoir des données à peu près exactes dont, aujourd'hui, on manque presque complètement.

§ XII. — Noisetier (*Corylus*).

Famille des Cupulifères.

L'importance et la valeur relativement faibles des Noisetiers font que l'on en fait rarement des semis en vue d'en obtenir des variétés. C'est un tort, croyons-nous, car nul doute que des semis faits avec des sortes méritantes produiraient de bonnes variétés dont une culture soignée pourrait présenter des avantages rémunérateurs.

Pour obtenir ce résultat, il faudrait procéder avec soin, récolter les noisettes sur des sortes qui, outre la fertilité des plantes donnent de beaux et gros fruits qui autant que possible soient exempts de vers qui, comme on le sait, attaquent de préférence certaines variétés dont ils détruisent chaque année à peu près tous les fruits.

On sème en pépinière à l'automne ou mieux au printemps pour que les noisettes ne soient pas exposées pendant tout l'hiver aux déprédations des mulots ou autres rongeurs qui en sont très friands. Les graines germent vite et à la fin de l'année les plants sont déjà forts. Alors au printemps suivant ou même à l'automne de cette première année, on plante soit en ligne soit en massif de manière à ce que les pieds prennent assez de force pour être vendus comme arbustes dans le cas où leurs fruits seraient sans valeur suffisante. Dans le cas contraire on les enlève et les plante à part pour faire des *mères* qu'on multiplie par couchages.

Si l'on n'avait que peu de place à disposer on pourrait planter plus rapproché en ayant soin d'élaguer les plants et de ne conserver que le bois qui paraîtrait disposé à se mettre à fruit. Toutefois comme les noisettes viennent en général sur les brindilles, il est bon de conserver celles-ci et, dans l'élagage, de n'enlever que les parties qui font confusion et interceptent l'air qui est indispensable à la fructification.

Les noisetiers de semis mettent de 3 à 6 ans pour produire les premiers fruits. Plantés dans les endroits chauds et secs, ils poussent moins, mais fructifient plus tôt.

Ces plantes s'accommodent très bien aussi des sols pauvres et peu profonds, plus ou moins pierreux, et c'est même dans ces conditions qu'ils produisent davantage, mais alors les fruits sont parfois plus petits.

§ XIII. — Noyers (*Juglans*).

Famille des Juglandées.

Ce n'est que très exceptionnellement qu'on sème des noix autrement « qu'en bloc » et qu'on procède méthodiquement en vue d'obtenir des variétés. Aussi peut-on presque affirmer que toutes celles que l'on possède ont été obtenues fortuitement. A peu près toujours les Noyers sont élevés et vendus comme arbres d'alignement ou pour planter de grands parcs, de sorte que même les variétés intéressantes passent souvent inaperçues parmi d'autres qui n'ont qu'un mérite très médiocre et avec lesquelles on les confond. C'est regrettable, car un arbre aussi précieux que le noyer, qui rend tant de services soit à l'économie domestique par ses fruits et à l'industrie par son bois, mérite certainement qu'on s'en occupe plus qu'on est dans l'habitude de le faire. On pourrait, ou plutôt on devrait procéder contrairement, c'est-à-dire chercher à créer des races appropriées aux localités et aux climats, des sortes productives et riches en huile surtout là où ces arbres sont principalement cultivés pour leurs principes oléagineux et aussi pour l'alimentation, car dans ce dernier cas surtout, outre la beauté et la qualité, il est bon d'avoir des fruits gros, faciles à casser et à en extraire l'amande partout où on les recherche à peu près exclusivement pour la table, et alors de rejeter tous ceux dont l'enveloppe dure et épaisse ne s'ouvre pas ou ne s'ouvre que difficilement.

Quant au sol, les noyers paraissent être à peu près indifférents, puisqu'ils poussent dans tous. Mais comme ces arbres sont le plus généralement cultivés dans le nord et surtout dans le centre de la France, là où les gelées tardives sont toujours à craindre, on devrait s'attacher particulièrement aux sortes qui feuillent tardivement.

Voici donc ce qu'il faudrait faire : choisir parmi les variétés *sérotines* ou tardives (les noyers dits « de la Saint-Jean » par exemple, parce qu'ils ne bourgeonnent qu'en juin) celles dont les fruits sont beaux, relativement gros, dont la coque assez tendre se sépare bien et laisse facilement sortir l'amande, en ramasser et semer les noix et suivre les sujets jusqu'à ce qu'on en ait vu les fruits ; alors conserver les bons pour multiplier, enlever et planter les autres comme arbres d'alignement et même comme arbres forestiers.

Les semis et plantations se pratiquent comme il a été dit des noisetiers, en observant cependant que vu les grandes dimensions qu'acquièrent les arbres on doit planter à des distances beaucoup plus grandes. Toutefois comme les noyers émettent dès la germination des graines des pivots perpendiculaires d'une longueur excessive, on se trouvera très bien, quand on devra replanter plusieurs fois les arbres — ce qui est le cas le plus fréquent — de les soumettre au *piquage et même au repiquage,* c'est-à-dire de supprimer le pivot des jeunes plantules ainsi que nous l'avons dit des amandiers.

Les noyers de semis mettent de 6 à 12 ans pour fructifier à moins qu'il s'agisse de la sorte dite *prepartu-riens* ou « noyer fertile » qui, parfois, fructifie l'année même où le semis a été fait. On a chance de hâter la fructification des noyers en pratiquant la greffe ; celle en fente exécutée en avril-mai à l'aide de greffons conservés est celle qui donne les meilleurs résultats, bien qu'ils laissent souvent beaucoup à désirer. Certains praticiens affirment qu'ils obtiennent un très bon résultat en employant la greffe en bifurcation ou greffe Boissesot (1). La seule greffe dont le succès soit certain est celle en approche.

(1) Voir *Revue horticole,* 1866; p. 168, *ibid.,* 1881, p. 164.

§ XIV. — Chataigniers (*Castanea*),

Famille des Cupulifères,

Excepté dans quelques pays généralement dits « de montagne » les Chataigniers ne sont guère cultivés que comme arbres forestiers. Mais même dans ces pays où ils constituent l'une des plus grandes richesses et font la base de l'alimentation, on est loin de leur accorder toute l'importance qu'ils méritent. Aussi, sous ce rapport, pouvons-nous, relativement aux chataigniers, répéter ce que nous avons dit des noyers. Une grande partie des variétés que l'on possède aujourd'hui proviennent de « semis de hasard » qu'on a remarqués par-ci par-là et auxquelles on s'est attaché après en avoir reconnu le mérite. On devrait donc procéder tout différemment : récolter les chataignes destinées aux semis sur des sujets réunissant toutes les qualités qu'on recherche, par exemple sur ceux qu'on nomme « marronniers de Lyon » ou « de Lucques » qui malgré le nom *marronnier* sont des chataigniers, et conserver ces fruits jusqu'au printemps dans un endroit pas trop sec, et non en tas mais étalés sur une petite épaisseur en ayant soin de les remuer de temps à autre afin que les embryons ne s'altèrent pas jusqu'à l'époque où l'on sèmera, c'est-à-dire jusqu'aux premiers beaux jours, en février, mars, par exemple, ou même plus tôt si le temps le permet. Quant au traitement et à la plantation, on agira comme il a été dit pour les noyers.

Les chataigniers de semis mettent de 6 à 10 ans pour donner leurs premiers fruits. Ces arbres ont absolument besoin d'un sol siliceux ou granitique.

On peut en hâter un peu la fructification en pratiquant la greffe en fente ou en couronne, en se servant de greffons pris sur des parties déjà modifiées des sujets de semis qui semblent avoir une belle apparence.

Pourrait-on, avec succès, greffer le chataignier sur le chêne ? Quelques praticiens le disent et affirment avoir obtenu un très bon résultat en greffant en écusson à *œil poussant* vers la fin de mai, sur le chêne commun (*Quercus pedunculata*) ou sur des variétés.

En terminant sur le chataigner, nous rappelons que, botaniquement, ce genre est très différent du marronnier proprement dit qui, lui, appartient à la famille des hippocastanées, et que cette confusion, probablement occasionnée par la nature et l'aspect de leurs fruits peut, au point de vue de la culture, avoir des conséquences fâcheuses. Les « marrons de Lyon ou marrons de Lucques » sont des variétés très améliorées de chataignier.

§ XV. — Cornouillers (*Corylus*).

Famille des Cornées.

Les Cornouillers, dont on trouve le type dans diverses parties boisées de la France et même dans beaucoup de bois des environs de Paris, sont très peu cultivés, et ce n'est guère que par exception qu'on en rencontre dans les jardins, malgré que leurs fruits, appelés *cornouilles*, ne soient cependant pas dépourvus d'intérêt.

Cette rareté s'explique pourtant par le peu de résistance des fruits qui, pour cette raison, ne peuvent voyager et qu'on est obligé de consommer sur place et même « sous l'arbre » c'est-à-dire au fur et à mesure qu'ils tombent, car c'est dans ces conditions seules que ces fruits sont réellement bons, parce qu'alors ils ont acquis toutes leurs qualités.

Le type des cornouillers a les fruits d'un très beau rouge brillant. On en possède plusieurs variétés à feuilles panachées dont les fruits sont rouges comme ceux du type, et aussi une autre à fruits tout à fait jaunes que l'on rencontre parfois, même à l'état sauvage.

Les graines de cornouillers étant excessivement dures et osseuses doivent être semées ou du moins stratifiées aussitôt après la récolte. Dans le cas où l'on n'aurait pu le faire et qu'alors on serait obligé d'attendre au printemps, on se trouverait bien de les faire tremper au moins deux jours dans de l'eau pour ramollir le testa et faciliter la sortie de l'embryon. Quant aux plants, on les traite absolument comme nous l'avons dit de ceux de noisetier.

Les Cornouillers provenant de graines fructifient à l'âge de 3 à 5 ans.

§ XVI. — Benthamias (*Benthamia*).

Famille des Cornées.

Le genre *Benthamia* est très voisin des *Cornus* (cornouillers) bien qu'il en diffère considérablement par tous ses caractères ainsi que par le tempérament et l'aspect des plantes, du moins pour la seule espèce qui, pour nous, paraît présenter quelque avantage.

Cette espèce, le *Benthamia fragifera*, ainsi nommé à cause de ses fruits qui, assez gros, rappellent assez exactement l'aspect de fortes fraises et que Wallich a appelé *Cornus capitata*, est originaire du Népaul et ne supporte pas, à l'air libre, le climat de Paris. Dans ces conditions il lui faut l'orangerie; aussi n'est-ce pour ainsi dire qu'à titre de complément que nous faisons entrer le Benthamia parmi les arbres fruitiers, et cela d'autant plus que ses fruits qui sont très beaux, quoique mangeables, laissent énormément à désirer au point de vue de la qualité. Mais comme la plante est vigoureuse et très ornementale par son aspect général, par ses feuilles persistantes et par ses fruits, nous avons cru devoir en dire quelques mots, pensant qu'on pourrait peut-être l'améliorer par l'hybridation, en essayant de la féconder avec un genre voisin, le *Cornus*, et en prenant pour père le cornouiller commun, *Cornus mascula*. Toutefois, et dans ce cas, comme ces deux espèces ne fleurissent pas à la même époque, il serait indispensable, lors de la floraison des cornouillers, de recueillir du pollen de ces derniers et de le conserver afin de s'en servir pour féconder les fleurs du *Benthamia fragifera* quand elles seraient aptes à recevoir le pollen.

Les graines de *Benthamia fragifera*, bien que très dures, à testa corné ligneux, lèvent facilement; les plants qui sont vigoureux et poussent vite seront repiqués en pleine terre, là où le climat le permettra; en pots et traités comme plantes d'orangerie dans le cas contraire. Quant aux soins ils devront être en rapport avec ces circonstances.

Il va sans dire que lorsqu'on aura obtenu une amélioration on devra récolter les graines sur les individus chez qui elle sera le plus marquée.

Les *Benthamia* issus de graines fructifient à l'âge de 5 à 7 ans suivant les conditions dans lesquelles ils ont été élevés.

§ XVII. — Néfliers (*Mespilus*).

Famille des Rosacées.

De même que les cornouillers on trouve le Néflier type dans beaucoup de bois du centre et de l'ouest de la France. Mais dans ces conditions ses fruits, très petits, presque dépourvus de saveur, sont à peine comestibles.

Dans les cultures on en possède deux sortes, l'une à fruits moyens, bons à manger, c'est le *Mespilus germanica* qui, assure-t-on, est originaire d'Allemagne; l'autre qu'on regarde comme une variété du précédent a les fruits beaucoup plus gros et plus charnus; cette variété est par conséquent bien préférable. On la nomme *Mespilus germanica macrocarpa*. Quoique déjà bien ancienne, l'origine de cette variété à gros fruits paraît inconnue. Il y a encore une autre variété de néflier, mais que l'on trouve très rarement, c'est celle dite *sans noyau*, ce qui constitue son seul mérite, car les fruits sont petits; l'arbre aussi est délicat et peu productif.

Ce n'est que très rarement que l'on sème des graines de néflier; on se borne généralement à multiplier ces plantes par la greffe qu'on pratique sur aubépine. C'est à tort, car sans être d'une très grande valeur, les *nèfles* se vendent pourtant assez bien, et les plantes présentent cet avantage de venir sans culture ni soins et de fructifier à peu près tous les ans; on n'a guère d'autre peine que de greffer les arbres qui souvent même sont dans des haies, puisque ce sont des épines qu'on a laissé s'élever et qu'on a ensuite greffées.

Si l'on semait l'on devrait prendre des fruits sur la

variété *macrocarpa*, en extraire les graines, les semer puis traiter les plants comme ceux des cornouillers, c'est-à-dire les planter en lignes ou en massif jusqu'à ce qu'on puisse en voir les fruits qui, en général, se montrent quand les arbres ont de 4 à 7 ans.

Pour en hâter la fructification, on pourrait greffer sur aubépine ou même sur de forts néfliers, dès la première année des plantes, en prenant pour greffon la tête des sujets de semis dont on désire voir les fruits.

§ XVIII. — Alisiers (*Cratægus*).

Famille des Rosacées.

Les Alisiers (*cratægus*) ne sont guère considérés que comme des arbres d'ornement. A vrai dire ce n'est pas autre chose, surtout si on les compare à la plupart des autres arbres fruitiers. Ce sont des sortes d'épines à fruits relativement gros et qui, chez certaines sortes, du moins, ont une saveur légèrement acide qui, unie à un principe sucré, rendent ces fruits mangeables.

On trouve dans les alisiers un grand nombre de variétés différentes par la forme, la grosseur, la couleur et la qualité des fruits. Sous ce rapport ces arbres présentent une certaine analogie avec les pommiers. Quant au tempérament et à la végétation, ils sont exactement semblables à ceux des *Mespilus*, aussi leur culture est-elle identique à celle de ces derniers.

Sans accorder aux alisiers, la même importance qu'à la plupart des diverses sortes dont il vient d'être question, nous croyons que, dans certains pays, ces ar-

bres pourraient rendre d'assez notables services, cela
d'autant plus qu'ils viennent sans soins et dans tous les
sols, même dans les plus mauvais. Et qui sait si par
des semis judicieusement faits l'on n'arriverait pas à
créer des races véritablement fruitières? D'une autre
part ne pourrait-on, avec leurs fruits, surtout si l'on
parvenait à les améliorer, faire des confitures et fabriquer des boissons d'une nature particulière et possédant des propriétés spéciales ? Nous croyons que la
question mérite d'être examinée.

Une observation importante aussi, que nous croyons
devoir faire, repose sur la différence considérable que
présentent les fruits des alisiers suivant leur couleur.
Ainsi, en général, tous ceux dont la peau est jaune
sont légèrement acides, vineux même, d'une saveur
agréable, et particulièrement aptes à la fermentation
outre qu'ils plaisent au goût.

Au contraire, ceux à peau rouge sont en général
pâteux, fadasses, analogues aux fruits de l'épine blanche ordinaire, dont ils sont un augmentatif. De là
deux séries de valeur très différente. C'est donc sur
les variétés à fruits jaunes qu'on devrait choisir les
graines en vue d'obtenir des variétés méritantes.

Quant aux semis et au traitement des plants, en
un mot à tout ce qui comprend la culture, toutes ces
opérations sont les mêmes que celles qui ont été indiquées pour les néfliers.

La fructification des alisiers provenant de semis,
se montre quand les individus sont âgés de 5 à
7 ans.

§ XIX. — Bibacier ou Néflier du Japon
(*Eriobotrya Japonica*).

Famille des Rosacées.

Originaire du Japon et actuellement très répandu dans la région méditerranéenne et même dans le midi de la France, où il est très fréquemment cultivé pour les fruits qu'il donne en très grande quantité, le Néflier du Japon (*Eriobotrya Japonica*) ne supporte pas la pleine terre dans le nord de la France, ni sous le climat de Paris, où, en général, il périt l'hiver. Dans le centre même, où il résiste assez bien en pleine terre et où il fleurit parfois, il n'y fructifie pas.

On possède quelques variétés de bibacier, mais en général peu distinctes, notamment une à feuilles panachées qui se trouve aussi au Japon. Plusieurs fois importée en France, nous avons toujours vu cette variété panachée souffrante et de courte durée. Les fruits de l'*Eriobotrya* sont assez gros, plus forts qu'une nèfle et plus allongés ; la peau est jaune, et la chair contient en assez grande quantité une eau acidulée aigrelette légèrement sucrée, de saveur fraîche.

Les graines de bibacier, qui sont très grosses, charnues, à testa mince, papyracé, tendre, se sèment au printemps ; elles germent très vite et dans la même année les plantes acquièrent un grand développement.

Excepté dans le midi de la France, où il est considéré comme un arbre fruitier le néflier du Japon, qui est à feuilles persistantes, est partout cultivé comme un arbuste d'ornement. Il fleurit vers la fin de l'été et ses fleurs très nombreuses dégagent une odeur suave très agréable. Il fructifie vers l'âge de 4 à 6 ans. Les fruits mûrissent à partir de juin.

On peut le greffer sur épine; nous en avons même vu qui étaient greffés sur coignassier et qui y vivaient très bien.

§ XX. — Eugenias (*Eugenia*).

Famille des Myrtacées.

De ce genre, exclusivement exotique, il n'est guère qu'une espèce que nous puissions considérer comme pouvant être comprise dans la catégorie des arbres fruitiers proprement dits : C'est l'*Eugenia ugni*. Originaire des provinces de Valdivia (Chili), elle forme un petit arbuste à feuilles persistantes rappelant assez exactement le myrte commun dont, au reste, cette espèce est très voisine. Comme celui-ci, les Eugenias appartiennent à la famille des Myrtacées.

Telle qu'elle est cette espèce peut déjà rendre de réels services, puisque, outre qu'elle est aussi ornementale qu'un myrte, sa culture est tout aussi facile que celle de ce dernier, et que la plante s'accommode parfaitement de vases, pots ou caisses dans lesquels, chaque année, elle fleurit et fructifie abondamment dans nos serres froides et tempérées, mais pouvant croître parfaitement en pleine terre dans le sud et dans le sud-ouest de la France.

C'est dans ces dernières conditions surtout qui permettent d'opérer en grand qu'on peut espérer d'améliorer l'*Eugenia ugni*.

A ses fleurs blanches en cloches, longuement pendantes, succèdent des fruits sphériques, gros comme de forts pois, de couleur gris violet, qui dégagent un parfum d'une finesse et d'une suavité exquises. Lorsqu'on mange ces fruits ils laissent dans la bouche une saveur fraîche et agréablement parfumée.

La multiplication de l'*E. ugni* peut se faire par bouture et par graine; mais au point de vue de l'amélioration des fruits, ce dernier mode est le seul qu'il convient d'employer. Les graines, qui sont très fines, se sèment en terre de bruyère; elles lèvent promptement; les plants seront repiqués en pots et soignés comme le seraient ceux des plantes de serre, de myrtes ou de Metrosideros, par exemple.

C'est ainsi qu'on devra opérer sous le climat de Paris, mais sous un climat plus clément on repiquera en pleine terre en donnant aux plants des soins appropriés. Dans ce cas, après avoir semé, puis repiqué, soigné et suivi la fructification des plants, on choisit parmi ceux-ci les plus méritants, qui, à leur tour, deviennent porte-graines pour les semis subséquents, en opérant toujours conformément aux principes que nous venons d'établir.

Pour hâter les résultats et augmenter les chances satisfaisantes on pourrait, en vue de l'augmentation des fruits et tout en conservant les qualités, pratiquer la fécondation artificielle en prenant du pollen sur des sortes voisines à gros et bons fruits, par exemple sur les *Eugenia vulgaris, amplexicaulis, purpurascens*, etc., sortes qui ont été placés dans le sous-genre *Jambosa*, qui est un démembrement du genre *Eugenia*.

Les *Eugenia ugni*, obtenus par graines, fructifient suivant les conditions où on les place, dans l'intervalle de 3 à 5 ans.

Si l'on voulait essayer la culture des quelques espèces d'Eugenia à gros fruits (*Jambosa*), il faudrait les planter en pleine terre en serre, et peut-être arrive-rait-on en les fécondant par l'*E. ugni* à obtenir des plantes un peu plus rustiques. On fera bien de l'es-sayer.

§ XXI. — Goyaviers (*Psidium*).

Famille des Myrtacées.

Les Goyaviers (*Psidium*), qui sont originaires de l'Asie et de l'Amérique, appartiennent à la famille des Myrtacées, dans laquelle ils se placent, à coté des Eugenias.

Dans nos cultures ce sont des petits arbrisseaux robustes et relativement rustiques, de serre tempérée ou d'orangerie, qui peuvent même être cultivés en pleine terre dans certaines parties méridionales de la France. En Algérie ce sont de véritables arbres fruitiers. Sous les climats froids ils réclament l'abri des serres, où ils fructifient assez facilement surtout s'ils sont exposés à la lumière et au soleil.

Variables pour la grosseur, la forme et la couleur suivant les espèces, les fruits des goyaviers sont rougeâtres ou d'un jaune plus ou moins accusé. Sans être très bons, ces fruits sont pourtant man-geables et même certaines personnes s'en régalent, ce qui est un peu une affaire de goût, mais surtout de climat et d'exposition des plantes. Les fleurs sont blanches, bien ouvertes et assez grandes. Les feuilles, caduques, sont ovales acuminées ou subel-liptiques.

La culture des goyaviers est des plus simples; on sème les graines en pots ou en terrines; les plants

assez vigoureux s'élèvent facilement sur une tige que
l'on tronque à une certaine hauteur pour constituer
une tête. On donne aux jeunes plantes un com-
post léger dans lequel entre de la terre de bruyère;
quand elles sont plus fortes on leur donne un sol plus
consistant, composé de terre franche additionnée de
terreau bien consommé. Dans le Midi ou partout ailleurs où la culture peut se faire en plein air, on
procède à peu près comme on le ferait s'il s'agissait
de pommiers ou d'autres arbres fruitiers, en les plaçant dans des conditions de sol ou d'exposition appropriés.

Pour semer on prend les graines sur les variétés
les plus améliorées ou dont on a intérêt à propager et
à augmenter les caractères, et l'on choisit ensuite parmi
les sujets qui en proviennent ceux que l'on reconnaît
être les plus avantageux.

Les espèces qui paraissent être préférables sont les
Psidium Cattleyanum, pomiferum et *piriferum.*

Les goyaviers de semis commencent à fructifier vers
l'âge de 4 ans, quand on les cultive en plein air; mais
il leur faut un temps beaucoup plus long quand les
plantes sont cultivées en serre, surtout si elles sont
en vases.

Pourrait-on, par la fécondation artificielle, hâter
l'amélioration des Goyaviers? L'expérience seule
pourrait répondre à cette question. Dans le cas où
on voudrait la tenter, nous croyons qu'il faudrait
agir ainsi : Prendre du pollen sur certains Eugenias
dont les fruits sont si agréablement parfumés, qualité
qui laisse beaucoup à désirer chez les goyaviers.

§ XXII. — Anoniers (*Anona*).

Famille des Anonacées.

Malgré que les Anonas soient considérés comme des plantes de serre chaude et pour ce fait peu cultivés, parce que comme ornement elles ne présentent qu'un intérêt très secondaire, nous croyons néanmoins qu'ils méritent de fixer l'attention, parce que, vigoureuses et en général plus rustiques qu'on ne l'a dit, ces plantes pourraient être cultivées dans les parties les plus favorisées de la France. En Algérie, cela va sans dire. Dans les serres aussi leur culture pourrait donner de bons résultats. Mais, de plus, ce qui nous engage à en parler, c'est parce que, outre les espèces fruitières que l'on possède on pourrait probablement, par la culture, obtenir des variétés plus méritantes ou mieux appropriées à notre climat.

Par leur organisation, les anonas qui appartiennent à la famille des *Anonacées*, qui confine aux *Magnoliacées*, ont des fruits qui rappellent assez certains cônes de pin ou de magnolias. Ces fruits sont gros et de toute première qualité quand ils mûrissent bien ; leur chair, fondante, a une saveur parfumée des plus suaves qui rappelle celle de l'ananas unie à celle d'une bonne pomme de reinette. Ce sont des arbrisseaux à feuilles caduques voisins des magnolias et des tulipiers. Quelques espèces, notamment l'*Anona mexicana*, sont relativement rustiques.

Au point de vue qui nous intéresse, c'est-à-dire de l'amélioration des fruits, il faut multiplier les Anoniers par semis afin, si possible, d'obtenir des variétés hâtives et surtout relativement rustiques. Sous le climat de Paris, on sème les graines et on traite les sujets comme s'il s'agissait de plantes de serre, tandis que, dans les pays plus favorisés, ces opérations peuvent se faire en pleine terre et en plein air.

Pour hâter la fructification des plantes obtenues de semis on pourrait essayer de les greffer sur l'*Assimina triloba*, qui diffère à peine des Anonas, ou peut-être sur des magnolias, sur le *M. acuminata*, par exemple.

Si on voulait établir une culture en serre des Anonas, nous croyons qu'il faudrait tenir les plantes en pleine terre, ce qui du reste est à peu près le seul moyen de cultiver avec succès les arbres fruitiers quels qu'ils soient.

§ XXIII. — Assiminiers (*Assimina*).

Famille des Anonacées.

Placé tout près des *Anonas*, dans la même famille, l'*Assimina triloba*, la seule espèce du genre qui doive nous occuper, originaire de la Pensylvanie, a l'avantage d'être rustique et de supporter nos hivers. C'est un très bel arbre d'ornement à feuilles caduques, rappelant assez certains magnolias, et dont les fruits assez gros, jaunâtres, sans être ce qu'on peut appeler bons, sont néanmoins mangeables quoique fadasses.

Pourrait-on améliorer ces fruits? Nous le croyons. Comment? Par semis, bien entendu et, peut-être, aussi, en faisant intervenir la fécondation artificielle. Dans ce cas on aurait chance d'obtenir de bons résultats en prenant du pollen sur les fleurs de certains Anonas dont les fruits sont si excellemment aromatiques, pour le porter sur les fleurs d'*Assimina triloba* dont, au contraire, les fruits sont presque dépourvus de saveur.

Sous le climat de Paris, et même du centre de la France, il serait prudent de prendre quelques précautions pour garantir les jeunes sujets pendant l'hiver, et même plus tard de les planter à bonne exposition et dans des situations abritées. Il va sans dire que sous des climats plus chauds ces précautions seraient inutiles.

Afin de hâter la fructification des plantes de semis, on pourrait essayer de les greffer sur certaines espèces de magnolias ainsi qu'il a été dit des Anonas.

§ XXIV. — Figuiers (*Ficus*).

Famille des Artocarpées.

Bien qu'on rencontre fréquemment des figuiers çà et là dans diverses parties du sud et du sud-ouest de la France, isolés et comme s'ils étaient spontanés, il paraît douteux qu'ils y sont indigènes et que ce ne soient pas des individus échappés des cultures. Il est très probable que le figuier est originaire de la région méditerranéenne, mais étrangère à la France Du reste c'est un arbuste frileux qui dans le nord supporte difficilement l'hiver et qui là, même quand on le garantit des froids, n'arrive pas à mûrir ses fruits. Dans le midi, au contraire, il vient assez grand ; c'est un arbre fruitier de bon rapport, et l'on en rencontre aussi un nombre considérable de variétés.

Aux environs de Paris, Argenteuil est peut-être la seule localité où, en dehors de la partie au moins tempérée et grâce à une culture spéciale, on cultive les figuiers non seulement avec succès, mais avec profit. Aujourd'hui l'on en possède une variété qui très probablement va devenir le point de départ de nouvelles races. C'est une plante excessivement naine, très fertile, qui fructifie même à l'état de boutures. Ses fruits violets et d'une belle grosseur sont de très bonne qualité. Elle a été récemment introduite d'Angleterre sous le nom d'*Osborn prolific.* Tout aussi rustique que le type, cette sorte, qui n'en est certainement qu'une variété, peut facilement être cultivée en vases, même dans de petits pots où elle se couvre de fruits qui se succèdent pendant longtemps.

Quand on veut faire des semis de figuiers, on agit comme nous l'avons recommandé pour à peu près toutes les espèces dont nous nous sommes occupés, c'est-à-dire qu'on choisit, sur la sorte qu'on estime le plus, des beaux fruits dont on extrait les graines en les écrasant dans de l'eau, de façon à ce que les graines tombent au fond du vase ; alors on les recueille, on les fait sécher, puis on les sème en terre siliceuse ou mieux de bruyère en les enterrant très peu ; on appuie les graines et on les recouvre d'un peu de paille pour les préserver du grand soleil. Si l'on sème en pots ou en terrines on place celles-ci dans une serre ou sous des châssis. On repique les plants à bonne exposition, c'est-à-dire dans des endroits abrités et bien ensoleillés, et l'on attend la fructification, en ayant soin de supprimer le bois inutile ou qui fait confusion de manière à favoriser la production des fruits qui ne se montrent guère avant que les plantes aient atteint leur 4ᵉ année, au moins. Sous le climat de Paris, les jeunes plantes doivent être rentrées l'hiver ; on ne les livre à la pleine terre que lorsqu'ils sont déjà forts.

§ XXV. — Papayers (*Carica*).

Famille des Papayers.

Des huit ou dix espèces que comprend le genre *Carica* qui forme une petite famille, celle des *Papayacés*, placée près des Bégoniacées, une seule, le *Carica papaya*, originaire du Brésil, présente pour nous quelque intérêt.

Cette espèce constitue un petit arbrisseau d'environ 2 à 4 mètres de hauteur, à feuilles digitées, lobées. Ses fruits pendants, longuement ovales, atténués aux deux bouts, rappelant assez exactement un melon vert, dit de *Cavaillon*, pèsent parfois plusieurs kilogrammes. Ils ont la chair pulpeuse, jaunâtre, juteuse, sucrée-âcre. Coupés en tranches et assaisonnés avec de l'eau-de-vie ou du kirsch et du sucre, ces fruits constituent un dessert agréable, d'une saveur fraîche, *sui generis*.

Le *Carica papaya*, très vigoureux et d'une croissance rapide, fructifie assez facilement dans les serres, en pleine terre, toutefois. Le poids des fruits est tel qu'on devra maintenir les plantes à l'aide de tuteurs et d'attaches, cela d'autant plus que le bois de cette espèce est lâche et spongieux et à peine ligneux.

Comme les fleurs sont unisexuées, parfois dioïques, il faudra, lors de la floraison, avoir soin de féconder les femelles à l'aide de pollen pris sur les fleurs mâles.

Serait-il possible par la fécondation artificielle d'arriver à modifier les fruits du *Carica papaya* surtout au point de vue de la qualité? Le contraire n'étant pas démontré on fera bien de tenter l'essai, et, dans ce cas, vu le rapprochement relatif des Papayacées avec les Cucurbitacées, nous conseillons la fécondation des fleurs de papayers par du pollen de certaines espèces de *cucumis*, notamment des melons dont la saveur et le parfum sont si agréables.

§ XXVI. — Grenadiers (*Punica*).

Famille des Granatées.

Les Grenadiers quoique rustiques jouent un rôle si minime dans l'économie domestique que ce n'est guère qu'à titre de complément que nous allons en parler. En effet, en France, ce n'est que dans les localités tout à fait chaudes qu'on peut le cultiver, et là encore, de même que dans les parties méridionales de l'Europe où sa culture est plus répandue, les grenadiers ne jouent qu'un rôle secondaire au point de vue de l'alimentation, car, en réalité, leurs fruits n'ont qu'une médiocre valeur.

Du reste ces fruits sont assez connus pour nous dispenser de les décrire ni d'en faire ressortir les caractères. Nous allons donc nous borner à dire quelques mots de la culture des grenadiers.

On sème les graines au printemps en pots ou en terrines ou en pleine terre bien préparée, c'est-à-dire ameublie soit avec du sable, soit avec de la terre de bruyère. Les graines lèvent très vite et bien, surtout si l'on sème en pots ou terrines et qu'on les place dans une serre ou sur une couche. Quant aux plants, on les repique, et on les élève en pots jusqu'à ce qu'ils aient acquis une certaine force, puis on les livre à la pleine terre en les plantant dans de bonnes conditions, de manière surtout à ce qu'ils reçoivent beaucoup de soleil.

Les grenadiers de semis mettent de 6 à 10 ans pour montrer leurs premières fleurs.

§ XXVII. — Casimirier (*Casimiroa*).

Famille des Rutacées.

Originaire du Mexique, de la Nouvelle-Grenade et répandu, dit-on, dans presque toute l'Amérique centrale et quoiqu'il ait été introduit en Angleterre il y a une trentaine d'années, le *Casimiroa edulis*, Llav. et Lexarz. (ISTACTZAPOT, des Mexicains; ZAPOTE BLANCO, des Espagnols) est encore aujourd'hui très rare malgré tout ce qu'on a dit de son mérite, et relégué dans quelques serres comme plante historique.

Pendant longtemps la place scientifique du *Casimiroa* n'était pas déterminée; mais aujourd'hui on est à peu près d'accord pour le mettre dans les Rutacées. — (D'après M. le Dr Baillon, il se place entre les *Skimmia* et les *Phellodendron*.)

Serait-il possible d'améliorer le *Casimiroa* et d'en faire une sorte fruitière? Très probablement; on est même autorisé à le croire d'après ce qu'en ont dit certains voyageurs, et, plus récemment, une personne qui l'a cultivé, M. Garnier, jardinier chez M. Michel Henry, en Angleterre. Voici ce qu'il en a dit :

« L'arbre a aujourd'hui 10 pieds de haut; sa tige droite et nue se termine par une tête élégante de 5 pieds de diamètre, bien faite et bien garnie de feuilles. En 1875, il commença à fleurir et donna des fruits qui s'arrêtèrent au volume d'un œuf de poule et ne mûrirent pas; mais cette année je fus agréablement surpris de le voir fleurir de nouveau, et donner

6

des fruits de la grosseur d'une belle orange moyenne, qui arrivèrent à parfaite maturité. Les plus beaux furent réservés pour la table du propriétaire qui, ainsi que ses hôtes, les déclarèrent excellents. Je suis du même avis et n'hésite pas à dire que ce sont les meilleurs fruits de provenance tropicale que nous possédions. »

Il va sans dire que la plante dont il vient d'être question était cultivée en serre. L'on croit pourtant que cette espèce pourrait s'accommoder du climat et de la culture de l'oranger. On pense même qu'elle pourrait croître en plein air dans le sud-ouest de l'Angleterre et même de l'Irlande, ce qui pourtant est loin d'être démontré.

« D'après Seemann (*Botany of the herald*) le *Casimiroa edulis* se fait remarquer par son aptitude à s'accommoder de climats fort différents. On le rencontre depuis le bord de la mer où il endure des chaleurs tropicales jusqu'à 7,000 pieds (plus de 2,000 mètres) d'altitude, sur des montagnes où l'hiver est parfois assez rude, et partout il donne des fruits en abondance. Qu'il soit cultivé ou laissé à l'état sauvage, les *Indiens* en récoltent les fruits et les portent sur les marchés où on les connaît sous le nom de *zapote blanco*. Ils sont comestibles et de saveur agréable ; mais il ne faut pas en manger avec excès, parce que leur ingestion, paraît-il, porte au sommeil, et surtout il faut s'abstenir d'en manger les graines. Le voyageur Hernandez dit aussi que l'arbre croît également dans des localités froides et dans des localités chaudes. »

Mais, et quoi qu'il en soit, ce qui précède semble mettre hors de doute que la culture du *Casimiroa edulis* serait très facile, au moins dans certaines par-

ties du midi de la France. Sous le climat de Paris on
pourra probablement la pratiquer dans les serres. Dans
tous les cas elle mérite d'être tentée. Quant au traitement, nous croyons que celui qu'on accorde à l'oranger
pourra être suivi pour le *Casimiroa*.

§ XXVIII. — Oliviers (*Olea*).

Famille des Oléacées.

Quoiqu'ils ne soient pas compris dans ce que, en général, on est habitué à regarder comme des « arbres
fruitiers » proprement dits, les Oliviers n'en tiennent
pas moins, au point de vue commercial, une place des
plus importantes. Ce sont des plantes économiques de
première valeur, car outre l'huile qu'on retire de leurs
fruits et qui, par sa réputation bien méritée, produit
une richesse considérable par le commerce à peu près
universel auquel elle donne lieu, les olives constituent
un condiment et un complément culinaire des plus
recherchés. Aussi, à l'exception des climats trop froids
ou trop chauds, la culture des oliviers est-elle pratiquée presque dans toutes les parties du monde.

Les variétés d'oliviers sont innombrables, et dans
certaines localités les cultivateurs, avec raison certainement, attachent à quelques-unes une très grande
importance.

Ici, toutefois, nous n'avons pas à nous occuper de
ces choses non plus que de la culture spéculative des
oliviers, notre but n'étant autre que d'indiquer les
principaux procédés à l'aide desquels on pourrait
obtenir de nouvelles variétés.

Pour atteindre ce résultat essentiellement pratique,

on doit, sur les sortes méritantes, récolter les olives destinées à la reproduction, et après les avoir laissé bien mûrir en enlever la pulpe et prendre les graines qu'on met en stratification. Quand plus tard, par suite de son gonflement, on s'aperçoit que l'embryon commence à vouloir rompre l'enveloppe osseuse qui l'entoure, on sème les graines dans un sol préparé suivant que l'exige le climat et les conditions dans lesquels on est placé. Les plants seront repiqués à l'automne ou au printemps suivant, en lignes ou épars suivant le terrain dont on pourra disposer ; quelquefois aussi on les isole dans des cultures diverses où ils figurent comme plantes intercalaires.

En raison de la persistance de leurs feuilles les plants d'oliviers ont besoin, lors du repiquage, d'être protégés contre l'ardeur du soleil. Dans ce cas et suivant les ressources dont on dispose, on les garantit en ayant soin de choisir, autant que possible, soit un temps couvert, soit l'époque des pluies, soit enfin celle où le soleil moins chaud et le temps moins aride peut faciliter davantage la reprise.

Les soins alors consistent à surveiller les plantes, à leur donner de l'air en enlevant les parties trop confuses ou inutiles, de manière à en déterminer le plus promptement possible la fructification. Une fois qu'on a vu celle-ci, on enlève tous les individus qui ne présentent aucun intérêt et qui peuvent servir de *sujets*, et l'on conserve au contraire tous ceux que l'on reconnaît méritants.

.Si l'on voulait avancer un peu la fructification on pourrait choisir certaines parties des individus qui, par leur aspect, semblent présenter les meilleures dispositions, et les greffer sur des oliviers adultes. On greffe

généralement en couronne, en écusson ou même en
fente, en prenant au besoin les précautions nécessaires
pour préserver du soleil les parties greffées, jusqu'à
ce qu'elles soient bien reprises.

La première fructification des oliviers de semis se
montre en général quand les plantes sont âgées de 6
à 9 ans. Sous le climat de Paris les oliviers sont des
« plantes d'orangerie. »

§ XXIX. — Orangers (*Citrus*).

Famille des Aurantiacées.

Sous la dénomination générale *Orangers,* nous com-
prenons les diverses catégories qui semblent s'y rattacher, tels que *Citronniers, Cedratiers, Limoniers*, etc.,
qui en ont tous les principaux caractères, bien que
parmi il y ait des sortes qui, par le tempérament,
diffèrent notablement des orangers proprement dits.
Le sous genre *Ægle* est tout particulièrement dans ce
cas. Du reste il ne renferme qu'une seule espèce qui
présente quelque intérêt, c'est l'*Æ. marmelos* qui
pourtant, comme mérite, ne peut être comparé aux
bonnes espèces de Bigarradiers.

Nous n'avons pas ici à faire ressortir l'importance
des orangers, ni les ressources qu'on peut en retirer,
non plus que le commerce auquel ils donnent lieu soit
par leurs fruits, soit par leurs fleurs, pas plus que par
les industries diverses qui en sont des conséquences
(parfumerie, hygiène, produits pharmaceutiques, etc.);
toutes ces choses étant du ressort de la culture spéculative et de l'industrie, nous n'avons pas à nous en
occuper, notre but étant tout particulièrement l'obtention de nouvelles sortes.

Rappelons d'abord que le nombre de variétés de ces
plantes est considérable aussi bien dans les orangers
que dans les quelques groupes qui s'y rattachent. Sous
ce rapport les variations sont considérables. En effet,
les dimensions des fruits et surtout leurs formes et leurs
couleurs varient dans des proportions véritablement
surprenantes. Ainsi la couleur extérieure (la peau), bien
qu'elle soit jaune, présente néanmoins des nuances
très différentes soit d'intensité, soit de diversité. Quant
à la chair, elle présente également les nuances les plus
diverses à partir du blanc jaunâtre jusqu'au rouge
foncé et même violacé.

Malgré toutes ces diversités, chaque groupe, et même
les plantes qui en font partie, sont suffisamment sta-
bles pour que dans beaucoup de cas elles puissent reproduire une grande partie de leurs caractères; aussi
rien n'est-il plus important que le choix des graines
qui, pour ces raisons, devra se faire suivant le but
qu'on cherche à atteindre. On devra donc prendre sur
les individus les plus vigoureux, les plus productifs ou
sur ceux qui ont le plus beau feuillage, etc., les fruits
les mieux conformés ou qui présentent des qualités
spéciales qu'on a intérêt à propager, puis quand ils
sont bien mûrs en extraire les graines qu'on devra
laver et faire ressuyer et ensuite semer dans des pots
ou des caisses dans un sol et dans des conditions appropriés au climat, en ayant soin de séparer les sortes
(mandarines, bigarrades, citrons, etc.), de façon à obtenir les formes désirées ou d'autres analogues, et en
même temps de se rendre compte de leur degré de
fixité.

Les graines une fois levées, ce qui a lieu promte-
ment, on repiquera les plants quand ils seront suffi-

samment forts, dans des petits godets qu'on placera à
l'abri de l'air et du soleil soit dans une serre ou sous
des châssis, à moins qu'on soit placé dans des conditions qui permettent de faire cette opération à l'air
libre, avec ou sans précautions spéciales.

Quand la reprise est assurée, on habitue peu à peu
les plantes à l'air pour les y laisser ensuite tout à fait
— ici nous nous plaçons sous le climat de l'oranger. —
Alors on plante en pleine terre, en lignes ou en massifs, à des distances plus ou moins rapprochées suivant le terrain dont on dispose, et on abandonne le
tout en se bornant aux soins d'entretien, de dres-
sage ou de nettoyage. Si l'on voulait hâter la fructification, on pourrait faire un peu souffrir les sujets soit
en les privant d'eau, soit en leur coupant quelques
racines ou bien en employant tel ou tel des traitements
que nous avons indiqués dans le chapitre *Considérations générales*.

Peut-être, aussi, serait-il possible de déterminer
une modification importante dans les diverses sortes
d'orangers proprement dits ou dans les sortes voisines
et de leur donner une qualité, la rusticité, qui leur
manque, en général. Ce serait de pratiquer la fécondation artificielle en faisant entrer dans la combinaison
une sorte rustique, par exemple le *Citrus triptera* (1), qui
ne gèle jamais mais dont le fruit, de grosseur à peine
moyenne, a la chair sèche et sans saveur. Dans ce cas
on pourrait faire l'opération double : prendre du pollen sur ce dernier et le porter sur les fleurs d'une bonne
espèce à fruit, afin de donner à la descendance de
celle-ci une rusticité que cette espèce n'a pas, ou bien

(1) Voir *Revue horticole*, 1869, p. 15 ; *ibid.*, 1877, p. 73.

agir inversement, c'est-à-dire, prendre du pollen d'une
sorte d'oranger à fruits, beaux et très parfumés pour
le porter sur le *Citrus triptera* dont le fruit manque
précisément de ces qualités.

Si parfois dans un semis l'on remarquait des individus dont l'aspect semble annoncer des avantages
particuliers, on pourrait en prendre des ramilles qui
paraissent déjà modifiées, qu'on grefferait en écusson,
en couronne ou en fente, en prenant les précautions
nécessaires pour en assurer la reprise. Dans ce cas il
serait bon d'employer comme sujets des individus déjà
en rapport, ou au moins arrivés à un état adulte.

L'âge ou les orangers de semis commencent à fructifier varie un peu suivant les sortes et la nature des
individus. En général la fructification se montre quand
les plantes sont âgées de 5 à 9 ans.

Sous le climat de Paris et même du centre de la
France, les orangers, ainsi que l'indique le mot, sont
des plantes « d'orangerie » éminemment propres à l'ornement. Dans ces conditions toutes les phases de l'éle-
vage (semis, séparage, greffe, etc.) se font sur couche
et sous châssis. Dans les pays chauds ces soins ne sont
pas de rigueur quoique cependant, à cause de leurs
feuilles persistantes, les orangers exigent des soins particuliers pendant les premières années de leur végétation. La culture en serre des orangers est très facile ;
elle est de plus très ornementale, car comme beauté de
fleurs et de fruits aucune plante n'est comparable à
l'oranger. Certaines espèces naines, les mandariniers,
par exemple, donnent des fruits très bons à manger.
Pourquoi, aussi, ne pas cultiver pour leurs fruits qui
sont excellents certaines sortes d'orangers du Japon
qui fructifient abondamment dans nos serres ?

§ XXX. — **Kakis** (*Diospyros*).

Famille des Ébénacées.

Les Kakis, scientifiquement *Diospyros*, qui jusqu'ici
n'avaient été considérés que comme des arbres d'ornement, vont maintenant, par suite d'introduction
d'espèces japonaises, faire partie des arbres fruitiers
proprement dits, du moins pour le midi de l'Europe.
La raison qui les faisait négliger, c'est que, jusqu'à ces
dernières années, on ne connaissait guère que le *Diospyros lotus* dont les fruits sont petits et immangeables à
cause de leur astringeance, ainsi que les quelques espèces américaines : *Diospyros calycina, angustifolia,* etc.,
dont les fruits relativement gros sont déjà préférables,
mais ne sont pourtant mangeables que quand la gelée
en a modifié la chair. Aussi ces arbres passaient-ils à
peu près inaperçus et leurs fruits abandonnés aux oiseaux qui pendant l'hiver en faisaient leur nourriture.
On recommandait bien parfois une espèce chinoise,
le prétendu *D. Kaki*, Linné, *Diospyros Roxburghi*,
Carr. (1); mais, outre qu'elle était peu connue, on n'y
portait aucune attention, parce que cette plante, très
frileuse, a besoin du climat méditerranéen pour mûrir
ses fruits. Mais aujourd'hui qu'on a introduit quelques
espèces chinoises et surtout japonaises, il en est tout
autrement, car, outre leur mérite ornemental, il en
est un bon nombre dont les fruits sont gros, beaux
et bons.

Nous pouvons surtout en citer trois : les *Diospyros*

(1) Voir *Revue horticole,* 1872, p. 253.

Mazeli, *costata* et *lycopersicon* (1); mais qui malheureusement ne donnent pas de graines, de sorte qu'on
est obligé de les multiplier par la greffe.

Sous le climat de Paris les Diospyros, en général,
gèlent dans les hivers rigoureux; on doit donc les
planter le long des murs dans des endroits abrités,
surtout si l'on veut qu'ils mûrissent leurs fruits.

Le **Diospyros Roxburghi**, Carr. donne des graines qui
semées lèvent vite, et reproduisent à peu près leur
type; les trois espèces dont il vient d'être question ci-
dessus, non; il faut les multiplier par la greffe que
l'on fait au printemps en fente ou en placage sur les
D. Virginiana et *angustifolia*.

Comme les Diospyros sont excessivement communs
au Japon, qu'ils y sont de premier ordre comme arbres
fruitiers, et qu'ils sont presque l'équivalent de ce que
sont chez nous les poiriers et les pommiers, il est probable qu'il en est quelques espèces qui donnent des
graines et avec lesquelles on a obtenu les formes qui
nous sont parvenues en Europe. C'est donc celles-ci
qu'il serait important d'introduire, car elles nous
permettraient de faire des semis et peut-être d'obtenir
des variétés mieux appropriées à notre climat que
toutes celles qu'on possède aujourd'hui.

Les **Diospyros** ne mûrissent leurs fruits que très tard
à l'automne, lesquels même persistent longtemps sur
l'arbre dont, à moins de gelée, ils ne se détachent que
dans l'hiver. En général, du reste, ces fruits ont be-
sion de « parer », de subir une sorte de fermentation
ou de combustion lente qui en modifie la pulpe qui
alors devient presque aqueuse, douce et sucrée, et

_____

(1) Voir **Rev. hort.**, 1870-1871, p. 410; 1874, p. 70; 1878, p. 470.

perd une grande partie de son astringence. La chair, dans ce cas, devenue molle et pulpeuse, forme une sorte de marmelade qui peut se manger à la cuiller comme on le fait des confitures.

Pour jouir de la beauté des Diospyros dans les climats froids ou même tempérés, il faudrait les cultiver en caisse et les rentrer l'hiver dans une serre. Dans ces conditions, les plantes fructifieraient, de sorte que pendant plusieurs mois ils feraient un splendide ornement par le nombre et la beauté de leurs fruits.

§ XXXI. — Capollins (*Laurocerasus*).

Famille des Rosacées.

L'espèce dont il va être question, le *Prunus capollin*, Zucc., originaire du Mexique, se place près des *Laurocerasus*, vulgairement Lauriers-Cerise, entre ceux-ci et les *Padus*. Ses fruits, qui sont de la grosseur d'un petit abricot, se vendent sous le nom de *Capulinos* (prononcez *capoulinos*) sur les marchés de Mexico où, paraît-il, ils sont assez recherchés. Que produirait-elle dans nos cultures? On ne sait rien de certain à cet égard.

D'une autre part, ce que savons nous autorise à croire que, sous la même dénomination, il y a plusieurs espèces ou mieux, peut-être, plusieurs formes d'un même type. Ainsi des noyaux que nous avons reçus de Mexico, relativement gros, aplatis et suborbiculaires, rappelaient assez exactement ceux d'abricot, tandis que dans les cultures françaises l'on rencontre parfois sous ce même nom de *Prunus Capulin*, *Capuli* ou *Prunus capulinos*, des plantes qui portent des fruits petits, subsphériques très voisins de ceux des *Padus*, à noyau courtement ovale, ou presque ronds. Ajoutons que ces derniers, à feuilles caduques ou subcaduques, sont rustiques, et qu'il est fort douteux qu'il puisse en être ainsi pour l'espèce mexicaine dont nous avons reçu des noyaux.

Voici, du reste, les synonymies que l'on trouve dans Steudel (*Nomencl. botan.* 2e part. p. 402) ; pour la première : *Prunus capollin*, Zucc. (Mexico), *Prunus virginiana*, Noc. Sess. *Cerasus canadensis*, Noc. Sess. ; pour la deuxième : *Prunus capuli*, Cav. (Pérou), *P. Capollin*, Zucc ? *Cerasus capuli*, Seringe.

Nous avons cru utile de faire ces quelques observations afin de prévenir les mécomptes et d'éviter des confusions dans les diverses tentatives qui pourraient être faites pour cultiver ces plantes.

Que pourrait-on obtenir de la culture des capollins ? Il est impossible de rien affirmer à ce sujet. L'expérience, seule, pourra répondre à la question. En attendant et pour les essais qu'on voudrait tenter, nous croyons qu'il faudrait agir comme pour les kakis, suivre une culture analogue à celle des plantes d'orangerie, du moins sous le climat de Paris, sauf un peu plus tard à essayer la culture en pleine terre en plaçant les plantes à des expositions chaudes et abritées.

Le semis devant être exclusivement employé pour obtenir des variétés méritantes on devrait, autant que possible, faire venir les graines de Mexico préférablement à celles que l'on pourrait se procurer au Pérou.

Pourrait-on féconder les *Capollins* par certaines sortes de nos arbres fruitiers? C'est à l'expérience à répondre.

§ XXXII. — Arbousiers (*Arbutus*).

Famille des Éricacées.

Seul, l'Arbousier commun ou Arbousier des Pyrénées (*Arbutus unedo*), mérite de fixer notre attention. Fréquemment plantée dans les jardins du sud et du sud-ouest de la France, cette espèce est également commune dans certaines parties des Pyrénées où elle croît à l'état sauvage, ce qui explique la dénomination « arbousier des Pyrénées, » sous laquelle on la désigne communément.

Jusqu'ici cette espèce avait été considérée comme exclusivement ornementale, bien que là où elle abonde les enfants et même les paysans en mangent les fruits. Comme ornementation elle est du reste très remarquable, d'abord par son feuillage persistant et par ses nombreuses fleurs en grelots rosés, auxquels succèdent en abondance des fruits sphériques rouge foncé, de la taille d'une grosse fraise, dont, au reste, ils ont un peu la contexture et l'aspect, ce qui explique la qualification « d'arbre aux fraises » qu'on donne aussi vulgairement à l'Arbousier.

Ces fruits, qui maintenant se vendent pendant tout l'hiver à Paris, bien qu'ils manquent de saveur, sont néanmoins très frais au palais, et partant assez agréables ; aussi, accommodés avec de l'eau-de-vie ou du kirsch et du sucre, constituent-ils un dessert qui ne manque pas d'intérêt, surtout à l'époque où ils mûrissent.

Quant à l'arbre, qui forme un buisson compact, il n'est pas délicat et offre l'avantage de fructifier

7

abcndamment même en caisse, en orangerie et peut,
par ce fait, être cultivé à peu près sous tous les
climats. Dans les cultures en vases et surtout quand
les plantes sont jeunes, il leur faut un peu de terre
de bruyère; plus tard on peut y ajouter de la terre
franche siliceuse, mais jamais de calcaire que toujours ces plantes redoutent.

L'*arbutus unedo*, qui déjà présente un bon nombre
de variétés, est-il suceptible d'amélioration? Nous le
croyons et, pour y arriver, voici ce que nous engageons
de faire : Récolter les fruits les plus beaux sur des variétés les plus méritantes, les écraser et les laver pour
en extraire les graines qu'on sème de suite en terre de
bruyère. Lorsque les plants sont suffisamment forts, on
les repique en pot, un à un et on les fait reprendre
comme s'il s'agissait de plantes d'orangerie. Ce traitement est celui qu'on doit employer sous le climat
de Paris, mais dans des conditions plus favorables,
on opère en pleine terre, en tenant compté, pour la
pratique des opérations, de la nature du sol et de
son exposition.

Les fruits d'Arbousiers des Pyrénées manquant de
saveur, on doit chercher à obtenir des variétés exemp-
tes de ce défaut. Pour y parvenir, il faut prendre les
graines sur les individus dont les fruits sont les plus
savoureux et surtout les plus acides.

Peut-être aussi pourrait-on hâter le résultat en
pratiquant la fécondation artificielle, en prenant du
pollen sur certaines espèces de *Vaccinium* dont les
fruits sont fortement acidulés.

§ XXXIII. — Myricas (*Myrica*).

Famille des Myricées.

Nous possédons, en France, un représentant du type Myrica; c'est le ***Myrica gale,*** espèce commune dans certaines parties marécageuses, même dans quelques localités des environs de Paris.

L'espèce dont nous allons parler, la seule, du reste, qui pour notre sujet paraît digne de fixer notre attention, est le ***Myrica esculenta,*** Hamilt., que l'on trouve parfois dans les cultures sous le nom de ***M. africana.*** Originaire du Népaul, elle exige l'orangerie l'hiver, à Paris, mais dans le Midi, probablement dans le sud-ouest et peut-être même dans le centre de la France, cette espèce pourrait passer en pleine terre de sorte que même là où elle ne fructifierait pas, elle servirait au moins comme plante propre à orner les massifs.

Le ***M. esculenta*** forme un arbuste buissonneux à feuilles persistantes subelliptiques ou mieux cunéi-formes lancéolées, glabres, coriaces, légèrement ponc-tuées. Les fleurs mâles, qui sont disposées en petits chatons dressés, se montrent de très bonne heure, même avant le printemps. Aux fleurs femelles, qui sont sans éclat, succèdent des fruits sphériques d'en-viron 25-30 millimètres de diamètre et qui rappel-lent assez exactement ceux de l'arbousier commun. Ces fruits mûrissent à l'automne; alors ils sont rouge vineux, pulpeux et juteux, d'un goût assez agréable qui rappelle un peu celui d'une mûre, tout en conservant cependant une légère saveur résineuse.

Ils paraissent formés de parties qui s'appliquent très
fortement les unes contre les autres et dont le sommet, légèrement renflé, constitue des saillies subsphériques qui par leur rapprochement forment de petites
aspérités rappelant celles des fraises, des fruits d'arbousiers ou de *Benthamia*.

Le semis nous paraît être le seul moyen à employer
pour tenter l'amérioration du *Myrica esculenta*. Il
conviendrait donc de choisir les plus beaux et les
meilleurs fruits, d'en extraire et d'en semer les graines.
Dans toutes ces circonstances on agira comme on le
fait pour des plantes dites d'orangerie. On sèmera en
pots ou en terrines, et les plants seront traités à peu
près comme on le ferait s'il s'agissait d'arbousiers, etc.
Dans les localités plus favorisées on pourrait, si l'on
avait beaucoup de graines, semer en pleine terre et
alors les plants seraient repiqués et soignés comme
cela se fait pour les plantes dites de terre de bruyère.
Lors de la fructification on observerait avec soin les
sujets de manière à marquer ceux dont les fruits présenteraient au plus haut degré les qualités qu'on
recherche; on les planterait à part et à leur tour, ils
deviendraient porte-graines.

Ce qui fait supposer que l'on pourrait cultiver et
améliorer le *M. esculenta*, c'est que dès l'année 1824 un
pied planté dans un pot fleurissait et fructifiait au Mu-
seum. A cette époque feu M. Neumann, qui a décrit et
fait figurer la plante (1), affirmait que lorsqu'il était
à l'île Bourbon, cette espèce y était cultivée pour ses
fruits.

(1) Voir *Revue horticole*, 1849, p. 461.

§ XXXIV. — Pernettyas (*Pernettya*) et Gaultherias (*Gaultheria*).

Famille des Éricacées.

Ces deux genres, d'origine américaine, sont très voisins l'un de l'autre et appartiennent aussi à la même famille : à celle des Ericacées dans laquelle ils se placent à côté des arbousiers dont il vient d'être parlé. Ils comprennent des arbustes à feuilles persistantes, *buissonneux* et très ramifiés (*Pernettya*), plus nains, *traçants* ou gazonnants (*Gaultheria*).

Dans la véritable acception du mot, ces plantes ne sont pas des arbres fruitiers; mais en raison de leur abondante fructification et parce que leurs fruits, très jolis, peuvent à la rigueur être mangés, nous avons cru devoir en parler afin d'attirer sur eux l'attention.

Les *Pernettya* forment des buissons compacts à ramifications nombreuses et ténues partant dès la base des plantes, à feuilles petites acuminées en pointe. Aux fleurs blanches où légèrement carnées, suivant les espèces, succèdent des fruits sphériques luisants, à chair presque dépourvue de saveur mais néanmoins mangeables.

A. — Gaultherias.

Arbustes sous-frutescents, rampants et très envahissants, croissant bien à l'ombre où ils constituent des sortes de gazon, à feuilles persistantes largement ovales arrondies, surtout chez le *Gaultheria Shallon*.

Dans les cultures deux espèces sont assez fréquemment plantées dans les massifs de terre de bruyère;

ce sont les *Gaultheria procumbens* et le *G. Shallon*. Leurs fleurs en grelots sont blanches ou très légèrement carnées. Les fruits, chez le premier (*G. procumbens*) sont sphériques déprimés, rouge foncé, luisants, de la grosseur d'un fort pois, présentant au sommet une sorte d'ombilic formant cinq petites saillies disposées en étoile au centre de laquelle existe un petit bourrelet circulaire d'où sort un style noirâtre, long, persistant. La chair blanche, cotonneuse,e st sèche et a une saveur faible mais toute particulière.

Le *G. Shallon* a les fruits un peu plus gros que ceux du précédent et sont également plus savoureux; aussi les oiseaux les recherchent-ils avec avidité, ce qui n'a pas lieu pour ceux du *C. procumbens* auxquels ils ne touchent que contraints par le besoin.

La culture de ces plantes est la même que celle des vacciniums et des éricacées en général : semer les graines et repiquer les plants en terre de bruyère neuve. Toutes redoutent le calcaire et ne peuvent vivre là où cet élément domine. Un sable argilo-siliceux frais, caillouteux ou granitique, leur convient, quand les plantes sont adultes.

Les fruits des Gaultherias mûrissent à partir de la fin de l'automne et persistent sur les plantes jusqu'en mars et même plus tard.

Les plantes dont il vient d'être question, sont-elles susceptibles d'amélioration? Sans aucun doute, surtout les Pernettya, en choisissant les graines sur les sujets les plus modifiés. On est d'autant plus fondé à croire qu'il en serait ainsi, qu'un amateur anglais ayant semé des graines de *Pernettya* a obtenu, d'un premier jet, de nombreuses et très remarquables variétés dont les fruits, un peu plus gros que ceux du type en étaient aussi très différents par la couleur qui présentait également des nuances très diverses.

Quant aux Gaultherias, qui probablement n'ont jamais été cultivés au point de vue de l'amélioration des fruits, nous pensons que pour arriver à modifier ces derniers il faudrait de préférence semer des graines du *G. Shallon,* ce qui pourtant ne devrait pas empêcher d'en prendre des deux espèces, surtout si celles-ci sont cultivées en mélange ou seulement placées auprès l'une de l'autre.

Les *Gaultheria* sont très rustiques surtout le *procumbens.* — Les *Pernettya* sont plus délicats, et, sous le climat de Paris, il est prudent de les abriter l'hiver bien que le *Pernettya mucronata* soit relativement robuste, et même de les cultiver en serre froide ou dans des coffres sous des châssis.

Peut-être aussi que par l'hybridation, on pourrait accélérer l'amélioration des *Pernettya* et des *Gaultheria* en opérant comme nous l'avons dit des arbousiers, c'est-à-dire en fécondant leurs fleurs avec du pollen de certains vacciniums dont les fruits fortement acidulés-sucrés pourraient communiquer cette qualité à ceux des pernettyas et des gaultherias qui, précisément, laissent à désirer sous ce rapport.

§ XXXV. — Arctostaphylos (*Arctostaphylos*)

Famille des Ericacées.

Ce genre se place auprès des *Pernettya.* Son qualificatif *Arctostaphylos* qui signifie « Raisin d'ours, » semble indiquer le caractère général des fruits qui, pourtant, n'ont rien de commun avec des raisins.

Parmi les espèces que renferme ce genre, il en est deux qui habitent les principales montagnes de l'Europe, notamment les Alpes et les Pyrénées. Ce sont les *Arctostaphylos alpina* et *uva ursi*. Cette dernière, du reste, est la seule qui va nous occuper d'autant plus que les caractères de l'autre, à part la couleur des fruits, ont beaucoup d'analogie avec ceux qu'elle présente.

L'*Arctostaphylos uva ursi* forme un arbuste rampant-gazonnant, compact. Ses feuilles persistantes sont ovales, nombreuses; les fleurs disposées en grappes terminales sont blanches, rosées ou rouges à la gorge; les fruits sont petits, sphériques, d'un beau rouge (ceux de l'*Arct. alpina* sont noirs) et ont une saveur fraîche assez agréable; et, tels qu'ils sont, ils peuvent être utilisés. Nous en avons mangé avec plaisir sur certaines montagnes élevées de l'Aragon, surtout sur le versant nord, que dans quelques endroits les plantes de cette espèce recouvrent parfois presqu'entièrement.

La culture des *Arctostaphylos* étant à peu près semblable à celle des *Gauttheria* et des *Pernettya*, nous ne la décrirons pas, et nous nous bornerons à dire que, au point de vue où nous nous plaçons, le semis est le seul mode qu'il convient d'employer, et qu'en procédant ainsi on aurait chance d'obtenir des variétés supérieures au type comme grosseur et qualité de fruits, et qui, probablement, seraient plus productives que le type qui sous ce rapport laisse beaucoup à désirer.

Pour effectuer les semis on se conformera aux recommandations que nous avons faites en ce qui concerne ces mêmes opérations dans les genres précédents.

§ XXXVI. — Framboisiers (*Rubus*).

Famille des Rosacées.

Au point de vue de la production des fruits, le genre *Rubus* peut être partagé en deux groupes : les Framboisiers et les Ronces proprement dites que l'on rencontre à peu près partout en France.

On trouve le type des framboisiers à l'état complètement sauvage dans certaines parties boisées et humides de la France. Nous l'avons plusieurs fois rencontré dans les Pyrénées. Même à cet état, on trouve déjà les deux sortes : à fruits rouges et à fruits blancs, bien que celui-ci soit beaucoup plus rare. Leurs fruits sont bons à manger ; ils sont plus petits, mais la saveur est à peu près la même que celle des fruits que l'on récolte dans les cultures.

Introduits dans les jardins et soumis à la culture, les framboisiers y ont produit des variétés à végétation et faciès divers, à fruits de grosseurs et de saveurs différentes. On a même obtenu des plantes dites « remontantes » qui poussent et ne s'arrêtent de fructifier qu'à l'arrivée des froids.

Quand on veut faire des semis de framboisiers on doit choisir, sur les pieds qu'on considère comme les plus méritants, les plus beaux fruits qu'on écrase et lave pour en extraire les graines, ainsi qu'on le fait quand il s'agit de fraisiers. Il va sans dire, si l'on cherche des sortes remontantes, ou des variétés à fruits rouges ou à fruits blancs, que l'on devra récolter les graines sur les plantes qui présentent ces caractères et les semer à part. Si l'on cherche des variétés remon-

7.

tantes, on devra de préférence prendre sur des rameaux à fruits de dernière saison.

On sème les graines aussitôt qu'elles sont récoltées, sur un sol ferme dont on a allégé la surface par un binage et modifiée, si cela est nécessaire, à l'aide de terre de bruyère, de sable ou de terreau. Les graines doivent être très peu recouvertes; il suffit de herser légèrement le sol avec un râteau et de le battre après y avoir répandu les graines. Ensuite on met sur le tout un léger paillis qui maintient l'humidité des arrosages et empêche les graines d'être entraînées par les eaux.

Si l'on n'avait que peu de graines on pourrait semer en pots ou en terrines et on placerait ceux-ci dans une serre ou sous des châssis à froid. Les repiquages se font en lignes assez rapprochées. — Les framboisiers fleurissent ordinairement la deuxième année du semis. Il serait même possible, si l'on repiquait les plants quand ils sont tout jeunes et même deux fois, qu'on puisse en obtenir des fruits l'année même que le semis a été fait. Il va sans dire que dans ce cas on devrait prendre quelques soins lors des repiquages afin que les plants ne souffrent pas trop de la replantation. Au printemps de la deuxième année on rabat un peu les tiges et c'est sur le jeune bois qui va se développer qu'apparaîtront les fruits.

§ XXXVII. — Ronces (*Rubus*).

Famille des Rosacées.

On pourrait peut-être s'étonner que nous indiquions les Ronces (nous parlons surtout de la grande espèce, du *Rubus fruticosus* des botanistes, bien qu'il y en ait

d'autres, notamment le *Rubus cæsius* dont il sera question plus loin) comme arbustes fruitiers, ces plantes que
l'on trouve presque partout, soit le long des chemins,
soit dans les bois où elles deviennent un véritable
fléau. Pourtant cela n'a rien qui ait lieu d'étonner,
et quand on réfléchit à la vigueur, à la robusticité de
cette espèce et à son tempérament qui lui permettent
de vivre dans tous les sols et dans toutes les conditions, et surtout aussi à la quantité considérable de
fruits qu'elle donne si on avait lieu de s'étonner, ce serait certainement du contraire, par exemple que cette
plante, qui semble s'offrir à nous et persister à pousser
près de nos habitations, dans nos haies, n'ait pas
encore franchi celles-ci pour se mêler à nos espèces
domestiques et augmenter le nombre de nos sortes
fruitières. En effet, que peut-on lui reprocher? D'être
très épineuse et d'avoir des fruits peu savoureux,
même fadasses? C'est vrai. Mais ne pourrait-on faire
des reproches analogues aux poiriers, pommiers et
pruniers sauvages et même à toutes les espèces qui
actuellement peuplent nos jardins soit comme ornement soit comme plantes potagères, par exemple les
panais, carottes, pied d'alouette de moissons, etc., etc.?
Il y a plus et l'on peut dire que les avantages seraient
en faveur des ronces qui naturellement, outre qu'elles
sont très fructifères et qu'elles ont des fruits très abondants et très sucrés, ont une grande tendance à varier
soit par leurs fleurs, soit par leurs fruits.

Nous avons même la presque certitude que les Ronces
s'amélioreraient promptement et qu'on en obtiendrait
facilement des sortes dont la végétation très modifiée
permettrait de les soumettre à une culture rationnelle
et rémunératrice. Et qui sait même si un jour l'on n'ob-

tiendrait pas des sortes remontantes, à fruits variés, savoureux et qui par leur tempérament permettraient de tirer un bon parti de certains sols arides et pauvres tout à fait incultes et improductifs aujourd'hui?

Ajoutons que par leurs feuilles et par leurs fruits, les ronces rendent de très grands services comme plantes médicinales, et qu'avec leurs fruits on peut faire des sirops ou des préparations pharmaceutiques d'une très grande valeur.

Donc, à tous les points de vue, nous appelons particulièrement l'attention sur les ronces et engageons fortement toutes les personnes qui le pourraient à tenter des expériences dans le sens que nous indiquons.

Si l'on voulait améliorer les ronces et chercher à en faire des plantes économiques, il faudrait, sur des pieds très fertiles, relativement peu épineux et dont les fruits sont gros, choisir les plus beaux de ceux-ci dont on extrairait et sèmerait les graines en les traitant, de même que les plants, comme nous avons recommandé de le faire pour les framboisiers.

Faisons toutefois observer que les plantes devraient être repiquées dans des parties chaudes, bien ensoleillées et dans des terres plutôt pauvres que riches, calcaires si possible, et même pierreuses. Dans ces conditions si désavantageuses pour la plupart des autres arbres fruitiers, la fructification des ronces serait même plus prompte, parce que les plantes seraient moins vigoureuses, et si les fruits venaient un peu moins gros on pourrait néanmoins juger leur mérite relatif. Pour activer la fructification on aérerait en supprimant les parties qui feraient confusion, et l'on rognerait un peu les tiges vigoureuses de manière à leur faire produire des ramilles secondaires sur lesquelles naissent les fruits.

Les ronces de semis fructifient dans un intervalle de 3 à 5 ans, plus rarement 2 ans.

Tout ce que nous venons de dire des Ronces s'applique tout particulièrement à l'espèce commune qui se trouve si abondamment dans nos haies, dans nos bois, le long des chemins, en un mot au *Rubus fruticosus.* Mais il y a autre chose à faire et tout en prenant cette espèce comme base des expériences améliorantes on pourrait, afin d'arriver plus vite et à déterminer plus promptement des modifications, faire intervenir certaines sortes américaines surtout, peut-être, le *Rubus deliciosus,* arbuste non volubile et complètement inerme, rappelant assez la spirée à feuilles d'obier *(spiræa opulifolia).* Il y aurait peut-être encore mieux à faire, puisqu'il est dans nos champs où elle est très commune une autre espèce qui, seule peut-être, suffirait à modifier promptement et avantageusement les plantes qui nous occupent. C'est le *Rubus cæsius,* plante des plus robustes, qui vient partout et dont les fruits très abondants, d'un très beau violet, fortement pruinés, sont très juteux, sucrés et très agréablement acidulés. Il n'est pas douteux que, prise soit comme père, soit comme mère pour pratiquer la fécondation artificielle, elle produirait d'heureux et prompts résultats en modifiant la couleur et la saveur des fruits. Nous disons « soit comme père, soit comme mère », parce que en effet, presque toujours, dans les fécondations artificielles, les résultats sont différents suivant que l'on intervertit les sexes.

Mais ce n'est pas seulement cette espèce que l'on

pourrait employer comme élément modificateur des
ronces dans la fécondation artificielle, les framboisiers pourraient aussi être essayés, cela d'autant plus
que, outre la saveur particulière et si agréable de
leurs fruits, leur port arbustif et non volubile pourrait
aussi exercer d'importantes modifications sur les caractères de la végétation.

En terminant sur les ronces, nous engageons fortement toutes les personnes qui le pourraient à tenter
l'amélioration de ces plantes fruitières qui nous paraissent des mieux appropriées pour garnir des sols
improductifs et considérés comme tout à fait impropres à tout autre culture. Nous avons la conviction
que, bien comprises et pratiquées avec soin, ces expériences seraient promptement couronnées de succès.
Nous ne sommes même pas éloigné de croire que,
commercialement, ce serait avantageux.

§ XXXVIII. — Groseilliers (*Ribes*).

Famille des Ribésiacées.

Considérés dans leur ensemble, les Groseilliers à
fruits comestibles forment trois séries très distinctes
tant par la végétation des plantes que par la forme,
la nature, les qualités et la disposition des fruits.
Toutes les trois ont leur type dans plusieurs bois
montueux de la France et surtout du centre, et de
l'Est. L'une de ces séries constitue ce qu'on nomme les
groseilliers *à grappes ;* l'autre comprend les groseilliers
cassis ; la troisième les groseilliers *à maquereaux.* Nous
allons les étudier.

A. — *Groseilliers à grappes.*

A l'état sauvage on rencontre déjà deux formes, l'une, la plus commune, à fruits rouges, l'autre à fruits blancs; celle-ci est plus rare. Toutes deux ont les fruits petits, et les semis qu'on en a faits ont aussi, chez l'une comme chez l'autre, produit des variétés à fruits plus ou moins gros et de qualités diverses, lesquelles, bien que la saveur soit à peu près la même, diffèrent néanmoins par l'intensité du principe acide.

Quand on veut obtenir des nouvelles variétés de groseilles on doit récolter les fruits sur celles qu'on regarde comme les plus méritantes, qui présentent déjà les qualités qu'on a intérêt à propager; on en extrait les graines que l'on sème à part, en terre légère, un peu siliceuse, en les recouvrant très peu et en ayant soin de tenir la terre humide.

Le semis doit se faire aussitôt après la maturité des graines. Mais si l'on ne pouvait semer qu'au printemps suivant, il serait bon de faire stratifier les graines, sinon on se trouverait bien de les mettre tremper pendant un jour environ dans de l'eau avant de faire les semis.

On repique les plantes en lignes rapprochées et au besoin l'on supprime le bois maigre qui fait confusion pour ne conserver que les parties qui paraissent le mieux disposées pour la fructification.

Les groseilliers à grappes fructifient à la 2ᵉ année ou à la 3ᵉ année de semis, rarement plus tard.

Si on laisse tomber les fruits sur le sol et qu'on bine très légèrement celui-ci pour empêcher les mauvaises herbes de pousser il n'est pas rare au printemps suivant de voir la terre se couvrir de jeunes plants de groseilliers, qu'on peut enlever et repiquer séparément suivant les variétés.

Les deux sortes, blanches et rouges, sont assez fixes, de sorte que si l'on sème des rouges il est bien rare que l'on obtienne des blanches, et *vice versa*.

B. — *Groseilliers cassis* ou *noirs*.

On ne connaît rien de bien certain sur l'origine des Cassis; aussi si à ce sujet l'on consulte les divers traités de botanique ou de culture quelque peu scientifique, on trouve cette indication vague : « Europe, » d'autres se bornent à dire : « Bois-Culture, » de sorte que l'on est autorisé à croire que, comme les groseilliers à grappes, les *cassis* se rencontrent à l'état spontané dans certaines localités boisées de la France.

Le fait d'indigénat ne peut même être mis en doute si l'on réfléchit que le *Ribes petrœum*, que l'on rencontre assez fréquemment en France à l'état spontané, ne diffère guère de notre cassis cultivé que par des caractères de végétation. Quant à l'odeur des feuilles et du bois, à la couleur, à la forme et à la saveur des fruits toutes ces choses sont à peu près identiques.

Pour ce qu'il en est du *Ribes nigrum* cultivé, c'est-à-dire de ce qu'on nomme particulièrement *cassis*, il est à peu près certain qu'il n'est qu'une forme du premier (*Ribes petrœum*). Des botanistes ont même affirmé l'avoir rencontré à l'état sauvage, ce qui n'a rien qui puisse étonner.

Mais, quoi qu'il en soit et quelle que soit aussi l'origine absolue des cassis, — origine qui, ici, ne nous

importe que secondairement, — et en dehors de cette
origine nous devons constater que, comme caractères
organiques, ces plantes ne présentent pour ainsi dire
aucune différence avec les groseilliers à grappes auxquels nous n'hésitons pas à les rattacher, et dont
ils ne diffèrent réellement que par l'odeur des feuilles
et du bois, et surtout par la nature et la saveur des
fruits, saveur tout à fait semblable à celle que dégagent les feuilles et le bois de ces mêmes plantes,
ce qui fait que dans certains cas on emploie les
feuilles et le jeune bois aux mêmes usages que les
fruits, par exemple pour la fabrication des liqueurs.
Mais quant à la végétation, au tempérament et à la
culture, il y a identité complète entre les groseilliers à
grappes et les cassis.

De même aussi que dans les groseilliers à grappes,
on distingue dans les cassis deux formes : l'une à
fruits *noirs,* l'autre à fruits dits *blancs* bien que ceux-
ci soient plutôt de couleur roux pâle ou gris blan-
châtre. Cette dernière forme se rencontre-t-elle à
l'état sauvage ou bien a-t-elle été obtenue dans les cultures? C'est ce qu'il nous est impossible de dire.

Après ces quelques considérations et en prenant
les cassis à l'état où on les voit aujourd'hui, nous disons que vu leur importance nous croyons qu'il y
aurait un grand avantage à faire des semis de ces
plantes, car, bien qu'on possède déjà quelques sortes
méritantes on a lieu de croire qu'on pourrait trouver
mieux.

La culture et les précautions à prendre soit pour récolter les fruits, extraire les graines ou faire les semis,
étant semblables pour les cassis à celles qu'on doit
prendre pour pratiquer ces diverses opérations quand

il s'agit des groseilliers à grappes, nous renvoyons à ce que nous avons dit de ceux-ci, en faisant toutefois observer qu'on devra également avoir le soin de semer à part les variétés, et surtout de ne pas mélanger les graines des sortes à fruits noirs avec celles à fruits blancs, et que c'est surtout parmi ces dernières que très probablement il y aurait avantage à obtenir des améliorations parce que c'est dans cette sorte à fruits blancs que l'on trouve les saveurs les plus fines et qui, grâce à la couleur à peine sensible des fruits, permettent de fabriquer des essences ou des liqueurs beaucoup plus délicates et à peu près transparentes.

C. — *Groseilliers à maquereaux ou épineux.*

A l'état sauvage où nous avons plusieurs fois rencontré les *Groseilliers à maquereaux*, ils sont presque toujours dans des endroits découverts, et plus ou moins arides, souvent près ou même sur des rochers. Dans ces conditions les plantes sont buissonneuses et leurs ramifications grêles et très épineuses portent des feuilles petites plus ou moins crispées; leurs fruits sont petits, sphériques ou à peu près, en général fortement hispides, peu savoureux et même fadasses, d'un vert pâle qui passe au blanc jaunâtre ou roux, *non colorés* — du moins jamais nous n'en avons rencontré de tels.

C'est pourtant de ce type qui ne varie jamais dans les bois que sont sorties ces nombreuses variétés robustes, vigoureuses à fruits lisses, très gros, de formes, de couleurs et de saveurs si diverses.

D'un premier semis, et de fruits recueillis à l'état tout à fait sauvage, nous avons obtenu des plantes

déjà très modifiées comme végétation ou comme fruits
tant par la grosseur, la forme, la saveur, et même la
couleur et dont plusieurs étaient tout à fait lisses. Le
facies aussi, chez beaucoup, était très modifié; outre
que les plantes étaient vigoureuses et moins buissonneuses leurs ramifications plus fortes et moins épineuses portaient des feuilles beaucoup plus larges.

Toutefois il ne faudrait pas, pour créer des variétés, aller recueillir des fruits à l'état sauvage; au
contraire, on doit pour cela prendre sur les variétés
méritantes les fruits les plus beaux et en semer les
graines de suite et les traiter, ainsi que les plantes,
comme il vient d'être dit pour les groseilliers à grappes.

Les groseilliers à maquereaux de semis fructifient
entre 3 et 5 ans, rarement plus tôt.

§ XXXIX. — Mûriers (*Morus*).

Famille des Morées.

Ce n'est guère que comme complément que nous
allons parler des Mûriers qui, à vrai dire, ne font pas
partie de ce qu'on est convenu d'appeler des « arbres
fruitiers ». Une seule espèce pourrait à la rigueur
être considérée comme telle; c'est le *mûrier noir*
dont nous allons dire quelques mots.

D'une autre part ce n'est non plus que très rarement
et exceptionnellement que l'on sème des graines de
cette espèce. Si l'on voulait faire des semis il faudrait
prendre des fruits bien mûrs, les écraser pour en
extraire les graines que l'on sèmerait de suite en
terre de bruyère ou dans un sol analogue, en ayant
soin de les peu enterrer. Une fois les graines semées

et après les avoir fortement appuyées sur le sol on
pourrait recouvrir de mousse hachée ou d'un léger
paillis, arroser puis bassiner fréquemment pour maintenir une humidité constante.

Si l'on semait au printemps sans avoir fait stratifier
les graines on devrait faire tremper celles-ci pendant
quelque temps avant de les confier au sol.

Les mûriers noirs de semis, poussent très lente-
ment et sont à peine bons à repiquer la deuxième
année du semis; alors on les plantera dans des conditions appropriées, puis, à l'aide d'un tuteur on les
dressera sur une tige dont l'extrémité devra former
une tête qu'on soumettra à une taille raisonnée de
manière à hâter la fructification. Le mieux, pour
cela, est de se borner à enlever les parties qui font
confusion ou qui sont mal placées.

Les mûriers noirs obtenus de graines ne fructifient guère avant l'âge de 6 à 8 ans.

Il va sans dire que si au lieu de mûrier noir on
voulait semer des mûriers blancs les soins à prendre
et la culture à appliquer seraient les mêmes. Nous
ajoutons que, dans leur jeunesse, les mûriers surtout
les blancs redoutent les grands froids et qu'il est prudent de prendre quelques précautions pour les garantir.

§ XL. — Jujubiers (*Zizyphus*).

Famille des Rhamnées.

Originaires de diverses parties de l'Asie orientale
ou de l'Europe méridionale, peut-être même de l'A-
frique septentrionale, les Jujubiers (*ziziphus sativus*),
ne présentent pour nous, comme arbres fruitiers,
qu'un intérêt minime et tout à fait secondaire. Du

reste ce n'est guère que dans certains départements les plus méridionaux de la France et particulièrement sur le littoral que l'on rencontre de ces arbres qui, à vrai dire, ne sont souvent pas cultivés mais plantés çà et là, comme remplissage, et dont on se borne à recueillir les fruits que l'on fait sécher et traite à peu près comme on le fait des figues.

Les Jujubiers, très épineux dans leur jeunesse et alors pour la plupart buissonneux, atteignent pourtant parfois de 6 à 10 mètres de hauteur et forment de petits arbrisseaux.

Dans le centre et dans le nord de la France ils résistent cependant assez bien aux froids des hivers, mais alors, outre que leurs fruits n'y mûrissent pas, les arbres non plus n'atteignent pas les mêmes dimensions.

Pour faire des semis de jujubier en vue de l'obtention de variétés, on choisit sur les arbres les plus fertiles et les plus méritants, les fruits qui réunissent les qualités qu'on désire, et après les avoir débarrassés de leur pulpe on les met stratifier, car les noyaux que renferment les graines sont osseux et excessivement durs. Les plants sont repiqués à bonne exposition et dans un sol préparé, puis on attend la fructification qui, en général, varie entre 5 et 8 ans. Les variétés qui sont reconnues méritantes sont multipliées par drageons et par racines.

Les *jujubiers* s'accommodent très bien des sols secs et surtout chauds, plus ou moins calcaires. — C'est la partie charnue mucilagineuse de leurs fruits qu'on recherche pour la consommation, et avec laquelle on confectionne la pâte dite de jujube, bien que souvent l'on y fasse entrer d'autres substances.

§ XLI. — Eleagnus (*Elæagnus*).

Famille des Éléagnées.

Le groupe des Eléagnées, dont quelques espèces vont nous occuper, comprend deux genres : les *Sepherdia* et les *Elæagnus* proprement dits. Le premier renferme deux espèces très rares dans les cultures où leurs fruits, qu'on dit mangeables ou même bons, sont à peu près inconnus. Quant aux *Elæagnus*, ils sont fréquemment représentés dans les jardins par l'Olivier de Bohême ou Chalef (*Elæagnus angustifolia*) et comprennent plusieurs espèces dont une seule, à fruit doux, l'*Elæagnus edulis*, Sieb., récemment introduite du Japon, présente de l'intérêt au point de vue des fruits.

Jusqu'ici on n'a cultivé cette espèce que comme un arbuste d'ornement, mais aujourd'hui on a reconnu que l'on peut faire mieux et que ses fruits, qui sont assez semblables à ceux des cornouillers, peuvent non seulement être consommés directement comme on le fait de ceux de ces derniers, mais qu'on peut aussi les transformer en gelée, ainsi qu'on le fait des groseilles.

L'*Æ. edulis* a cet autre avantage d'être ornemental et de pouvoir décorer les massifs. Il forme un buisson rameux, se couvrant de fleurs d'un blanc jaunâtre qui dégagent une odeur très agréable, et auxquels succèdent des fruits rouge orangé, finement pointillés de gris blanc; la chair, qui est sucrée et mucilagineuse, renferme à l'intérieur une graine ou sorte de nucule très dure, rappelant assez exactement celle conte-

nue dans les cornouilles. Ces fruits, qui mûrissent
dans le courant de l'été, sont très recherchés par
les oiseaux qui, si l'on n'y fait attention, les font
promptement disparaître.

Cette espèce est très rustique et s'accommode à
peu près de tous les terrains; quant à sa multiplication on la fait par couchage; mais lorsqu'il s'agit de
l'amélioration des fruits il faut employer le semis,
qui, seul peut donner des variétés. On sème les graines aussitôt qu'elles sont récoltées; toutefois ce semis
peut être évité par la stratification. Dans le cas où
l'on n'aurait pas semé à l'automne il serait bon au
printemps de faire tremper les graines avant de les
confier au sol. Lorsque les plants sont suffisamment
dévelopés on les repique soit en ligne soit en massif,
et alors il n'y a plus qu'à attendre la fructification
pour choisir les sujets qui présentent le plus d'intérêt, qu'on marque comme plantes-mères et qui, à
leur tour, deviendront porte-graines.

La première fructification des Elæagnus de semis
a lieu quand les plantes sont âgées de 3 à 5 ans.

Déjà l'on possède quelques variétés de l'*Elæagnus
edulis,* dont les fruits sont sensiblement plus gros
que ceux du type, ce qui autorise à croire que l'on
parviendrait facilement à améliorer cette espèce. On
a d'autant plus de raison de persévérer dans la voie
des semis que l'espèce est rustique, que les plantes
poussent vite et sans soin, pour ainsi dire, et que
les sujets qui ne présentent aucune amélioration peuvent être employés à l'ornementation.

§ XLII. — Épines vinettes et Mahonias (*Berberis* et *Mahonia*).

Famille des Berbéridées.

De ces deux genres de plantes, le premier est représenté par l'espèce commune, le *Berberis vulgaris* qui, du reste, au point de vue qui nous occupe, est la seule intéressante. Elle est tellement connue par l'usage qu'on en fait pour l'ornementation qu'il est inutile de la décrire. Ces fruits qui sont aigres-sucrés, servent à faire une sorte de confiture ou de gelée qui rappelle un peu celle des groseilles. Le but à atteindre serait donc d'obtenir des variétés méritantes à fruits plus gros, ce qui ne peut se faire que par les semis, en prenant toujours les graines sur les individus les plus améliorés. On sème au printemps ou même à l'automne, on repique les plants et on attend la fructification pour choisir les sujets les plus méritants.

Les quelques variétés de hasard que l'on possède déjà autorisent à croire que, par des sélections bien entendues, on aurait chance d'arriver à rendre les Berberis utilisables comme plantes économiques par leurs fruits qui, outre que l'on peut en faire des confitures, pourraient peut-être servir à fabriquer certaines boissons spéciales.

Les Berberis, qui fleurissent parfois dès l'âge de 3 ans, sont très rustiques et poussent à peu près dans tous les terrains et à toutes les expositions.

A. — *Mahonias.*

Toutes les espèces de ce genre sont exotiques; celles qui peuvent nous intéresser sont le *Mahonia aquifo-*

lium, de l'Amérique septentrionale, et le *M. Japonica*
qui, comme son nom l'indique, est originaire du Japon, ainsi que plusieurs de leurs variétés.

Ce sont des arbustes très propres à l'ornementation,
à feuilles composées, persistantes, à fleurs très nombreuses, jaunes, disposées en épis ou en thyrses compacts. A leurs fleurs jaunes très brillantes succèdent
des fruits violets excessivement juteux, à jus très acide
et légèrement sucré. Ce jus exprimé comme on le fait
pour celui des groseilles et additionné de beaucoup de
sucre afin d'en affaiblir l'acidité, qui est considérable,
peut être converti en une gelée assez agréable.

C'est Mme Bertin, épouse du célèbre horticulteur
bien connu, de Versailles, qui la première, il y a une
vingtaine d'années, au moins, a eu l'idée de tirer parti
des fruits de Mahonia pour en faire des confitures que,
du reste elle savait faire excellentes en les aromati-
sant de diverses façons. Ajoutons toutefois que c'est
avec des fruits de *Mahonia aquifolium* que Mme Bertin
opérait (les Mahonia du Japon étaient à peine connus à
cette époque), et comme d'une autre part les fruits du
Mahonia Japonica, également abondants, sont plus gros
et contiennent aussi en quantité considérable un jus
un peu moins acide et plus sucré, il est donc permis
de croire que ces fruits seraient préférables à ceux de
Berberis pour la fabrication de divers produits économiques.

Inutile de rappeler que le semis étant le seul moyen
d'arriver à l'amélioration des fruits de Berberis ou de
Mahonias, soit comme grosseur, soit comme qualité,
on devra prendre les graines sur les variétés les plus
améliorées.

Faisons toutefois observer que dans ce cas il faut

surtout chercher à atténuer l'acidité, par conséquent
on devra donc déguster les fruits afin de prendre les
graines de ceux qui sont les plus doux. Observons
encore, relativement au semis, qu'il est important de
bien observer les sujets, car il y a entre eux des différences considérables dans les aptitudes fructifères :
il en est qui ne donnent que peu de fruits et même
pas du tout, d'autres qui en donnent passablement
tandis qu'il en est qui en produisent en très grande
quantité.

Excepté les *Mahonia Japonica* qui souffrent parfois
un peu l'hiver, les autres sortes, dont nous parlons
sont rustiques. On sème les graines en terre légère
ou de bruyère, on repique les plants en pleine terre ou
mieux en pot, ce qui permet de les planter à toute
époque de l'année.

Au sujet des fruits de Berberis nous avons dit qu'on
pourrait peut-être les utiliser pour fabriquer des boissons particulières. Ce sont surtout ceux des Mahonias
qui, sous ce rapport, pourraient être essayés car, outre qu'ils sont infiniment plus juteux, leur jus contient
aussi plus de vinosité, et même, au besoin on
pourrait y ajouter un peu de sucre pour en favoriser
la fermentation et atténuer le principe acide.

Les *Mahonias*, surtout les sortes japonaises, s'accommodent très bien d'une position un peu ombragée et
des terrains siliceux, caillouteux, même humides,
pourvu que ces terrains aient de l'écoulement. Mais
ils redoutent les sols entièrement calcaires. Quant aux
Berberis ils viennent à peu près dans tous les terrains.
Les uns comme les autres commencent à fructifier vers
l'âge de 4 à 7 ans, bien que sous ce rapport les variations soient parfois considérables.

§ XLIII. — Pistachiers (*Pistacia*).

Famille des Térébenthacées.

Les quelques espèces de Pistachiers les plus connues habitent l'Asie orientale ou mieux se rencontrent dans ce que vaguement l'on nomme la région méditerranéenne. Une seule nous intéresse, c'est le Pistachier vrai (*Pistacia vera*, L.), petit arbrisseau de 6-10 mètres, à tige gris-blanc se terminant par une large tête arrondie. Cette espèce étant dioïque, il est essentiel de cultiver les deux sexes, sinon en nombre égal, du moins d'avoir quelques individus mâles placés çà et là parmi les individus femelles dont ils fécondent les fleurs.

En France, on ne rencontre guère le Pistachier que dans les parties les plus chaudes et tout particulièrement dans celles du littoral.

On les cultive pour leurs fruits qui sont ovales ou ovoïdes et dont l'intérieur renferme une amande huileuse de saveur douce et assez agréable, que l'on mange sous le nom de *pistache*.

Le pistachier commun est assez rustique. Sous le climat de Paris même il résiste généralement en pleine terre mais n'y fructifie guère, et quand le fait a lieu les fruits n'atteignent même pas leur complet développement.

Pour avoir plus de chance d'obtenir des variétés méritantes on devra récolter les graines sur les sujets les mieux venants et les plus fertiles, et les semer de suite ou au printemps suivant. Les plants seront repiqués la deuxième année dans un endroit bien abrité et surtout fortement ensoleillé.

Les pistachiers de semis ne fructifient guère qu'à l'âge de 7 à 10 ans.

§ XLIV. — Caroubiers (*Ceratonia siliqua*).

Famille des Cesalpiniées..

Il est à peu près impossible d'assigner d'une manière absolue la patrie du Caroubier. On le rencontre dans toute la région méditerranéenne en Europe, en Afrique et probablement dans certaines parties de l'Asie. En Espagne, en Portugal et surtout en Afrique il est cultivé tout particulièrement pour les chevaux, bien qu'à l'occasion et faute de mieux, sans doute, les hommes en mangent parfois les fruits appelés *caroubes* lesquels du reste sont la seule chose qu'on recherche.

En France, et par exception, on cultive le caroubier dans quelques départements tout à fait méridionaux et particulièrement dans les Alpes-Maritimes, près du littoral, en petite quantité, toutefois, et souvent isolément, ces arbres ne constituant guère qu'une sorte de culture secondaire ou dérobée.

Dans le centre de la France le caroubier (*Ceratonia siliqua*) est un arbuste d'orangerie, assez ornemental, du reste, par la beauté de son feuillage qui est persistant.

Quand on fait des semis, au point de vue de l'amélioration du genre, on doit recueillir les graines sur les variétés qu'on considère comme les plus méritantes; on les sème en terre préparée et dans des conditions relativement bonnes. Les plants, qu'on peut élever en pot pour en faciliter la transplantation, sont mis en place soit en lignes, soit çà et là comme « remplissage, » mais toujours là où il y a beaucoup de soleil. Les pentes arides, mais chaudes, les anfractuosités des rochers ou autres endroits analogues, semblent surtout leur convenir. — Les caroubiers de graines fructifient vers l'âge de 5 à 8 ans.

§ XLV. — Vacciniers, Airelles ou Myrtilles
(*Vaccinium*).

Famille des Éricacées.

Comme arbres fruitiers les Vacciniums n'ont qu'une très médiocre importance; si nous en parlons c'est afin de ne pas laisser passer sous silence un genre de plantes dont une espèce, indigène dans nos bois, produit des fruits qui dans certaines localités sont recherchés et mangés, ou le plus souvent employés pour faire des boissons ou bien pour en confectionner des liqueurs.

L'espèce à laquelle nous faisons allusion est le *Vaccinium myrtillus*, vulgairement « raisin des bois, » dont le fruit sphérique, pulpeux, très juteux et acide, est d'un violet noir pruineux. Elle forme un très petit arbuste buissonneux gazonnant qui croît en masse dans les lieux découverts et arides de certains bois, là où le sol est très sensiblement ferrugineux, argilo-siliceux, ou plus ou moins granitique.

Une autre raison qui nous engage à parler du *Vaccinium myrtillus*, c'est à cause des propriétés toutes particulières de ses fruits qui peuvent être considérés comme un dépuratif et un contre-anémique très puissant, et qui, chez les enfants surtout, pourrait jouer un rôle des plus bienfaisants dont on n'a même pas d'idée. Ces propriétés, que les fruits doivent sans doute

8.

aux conditions de sól dans lequel croissent les plantes, sont telles que partout où celles-ci se rencontrent en quantités suffisantes pour que les enfants qui, du reste les recherchent avec avidité puissent en manger, *jamais* l'on ne voit aucun d'eux affecté de ces maladies qui entraînent le rachitisme, l'anémie, ou de celles qu'on désigne vaguement par cette expression « humeurs froides. »

Du reste, *le Vaccinium myrtillus* n'est pas la seule espèce du genre dont les fruits sont comestibles. Presque toutes sont dans ce cas, ce qui pourtant, ne veut pas dire que leurs fruits jouissent des mêmes propriétés.

Y aurait-il avantage d'en faire des semis directs ou avec des graines qu'on aurait fécondées avec des espèces exotiques? C'est à essayer, et cela d'autant plus que la plupart des espèces de Vaccinium sont des plantes rustiques et éminemment ornementales.

Dans les cultures les vacciniums exigent presque tous la terre de bruyère ou du moins son analogue, il leur faudrait une terre silico-ferrugineuse mais autant que possible *complètement* dépourvue de calcaire qu'à peu près toutes les espèces semblent redouter tout particulièrement. Les graines devraient être semées en terre de bruyère, et être traitées, ainsi que les plantes, comme on le fait pour les végétaux dits « de terre de bruyère ».

§ XLVI. — Du Fruitier.

Quoique ce livre ne soit pas écrit au point de vue de la spéculation directe des fruits, il nous paraît néanmoins nécessaire, dans un ouvrage exclusivement consacré à la culture des arbres fruitiers, de parler d'un local particulièrement affecté pour serrer et conserver les fruits, afin d'en pouvoir suivre les phases de développement et apprécier leur mérite soit en ce qui concerne la conservation, la durée, les qualités.

Ce *local*, qu'on nomme *fruitier*, au sujet duquel on a déjà tant et si diversement écrit, ne peut être rigoureusement défini, quant aux conditions de son établissement. Sous ce rapport on ne peut guère faire autre chose que d'en indiquer les caractères généraux.

Les locaux qu'on a considérés comme les plus propres à assurer la conservation des fruits sont les suivants : Un lieu où règne une température aussi basse que possible sans pourtant descendre au-dessous de zéro degré, régulière, c'est-à-dire constante; que ce lieu soit sombre plutôt que clair et exempt d'humidité On a également recommandé d'établir le fruitier dans un endroit exposé au nord, un peu en contre-bas du sol, si possible, et avec des doubles portes et doubles croisées : celles-ci munies de volets.

Ces conditions sont celles généralement recommandées comme devant constituer un bon fruitier.

Faisons remarquer que en dehors de ces conditions, qui sont assurément bonnes, qu'on peut même prendre pour guide, il y en a une foule d'autres qui, bien que très différentes de celles-ci, peuvent donner des résultats tout aussi satisfaisants. A quoi faut-il attribuer ce fait? Sans doute à des influences de milieu qui malheureusement ne peuvent être définies et qu'on ne peut guère que constater.

De quoi s'agit-il, en effet, quand on établit un fruitier sinon de conserver des fruits le plus longtemps possible et dans un état satisfaisant? On doit donc se poser d'abord cette question : Quelle est la cause qui,

chez les fruits détermine cet état particulier que l'on recherche et qui ensuite les fait passer à un autre? Si
l'on ne peut préciser rigoureusement cette cause, on
peut néanmoins affirmer qu'elle est due à des combi-
naisons chimiques. Comme d'une autre part ces com-
binaisons résultent de la fermentation et que celles-ci
entièrement dépendantes de la température, s'accrois-
sent avec elle il paraît hors de doute que plus la température sera constante et surtout basse, plus la fermentation sera lente et plus aussi la conservation des fruits
sera grande. C'est en effet ce qu'indique la théorie.

Mais alors comment se fait-il que l'on voit parfois
se montrer des faits tellement contraires : une bonne
conservation de fruits dans des conditions regardées
théoriquement comme défavorables, par exemple
dans une cave, dans un cellier et même dans des cham-
bres où l'air et la lumière ont accès et où la température varie considérablement? Ce sont des faits qu'on
ne peut que constater tout en cherchant à en tirer
parti, mais qui toutefois démontrent que les théories
admises ne sont pas suffisantes pour expliquer certains
faits que l'expérience constate.

Quand on a peu de fruits, un tiroir fermé, un pla-
card ou sorte d'armoire murale peuvent être très bons
pour les conserver, excepté toutefois pour les raisins
qui, eux, ont besoin de l'air sinon de la lumière, et
qui redoutent l'humidité.

Dans beaucoup de cas et pour certains fruits, surtout pour les pommes et pour les poires, la conservation peut être bonne et longue sans autre soin que
d'envelopper les fruits dans du papier de soie recou-
vert d'un autre papier, et laissés sur une table, une
commode ou tout autre meuble d'un appartement.

Quand il s'agit de prunes on constate que beaucoup de sortes tardives : *Coé Golden drop, tardive de Rivers*, *Reine claude de Bavay*, etc., peuvent se conserver trois semaines et plus si on les suspend dans un lieu sec, surtout si elles sont encore attachées à la branche.

De tout ceci il résulte que, bien qu'il y ait des règles générales dont assurément l'on doit tenir un grand compte, il y a aussi de nombreuses exceptions avec lesquelles il faut également compter, et que, dans la pratique, surtout lorsqu'il s'agit de fruitiers, c'est à chacun à faire des essais là où il est placé, et après des observations attentives, voir quel est l'endroit le plus favorable à la conservation des fruits, et y serrer ceux-ci. C'est en cela que consiste la vraie sagesse, celle qui est indiquée de temps immémorial par ce dicton : « Expérience passe science. »

Appréciation de la maturité des fruits.

Y a-t-il des moyens qui, au fruitier, permettent de reconnaître le moment où les fruits sont arrivés à l'état convenable pour être consommés ? Oui, bien que pour certaines variétés, la chose présente des difficultés ; par exemple chez celles dont le changement de coloration de la peau, qu'on regarde généralement comme un indice de l'état de maturité, se manifeste à peine ou ne se révèle que quand déjà le fruit est passé. Comment faire, alors ? Étudier ces variétés et s'habituer à les juger à l'aspect, ce qui exige des connaissances spéciales que seule l'expérience peut donner.

Un moyen à peu près certain d'apprécier la maturité des fruits et surtout des poires, c'est par le flair qui grâce à la saveur qui se dégage de l'intérieur des fruits permet de reconnaître dans quel état se trouve leur chair, ĕt si elle est à point pour être mangée. Une saveur agréable et plus ou moins aromatique annonce un état convenable pour la consommation; au contraire une saveur vineuse ou fadasse et comme légèrement nauséabonde est un indice que la fermentation après avoir passé par l'acidité a transformé la chair qui alors, suivant le degré d'avancement ou la nature de la variété, est devenue pulpeuse blette, ou même plus, c'est-à-dire *passée*. Mais, dans aucun cas l'on ne devra, contrairement à ce que font beaucoup de gens, faire avec le pouce une pression sur le fruit parce qu'alors chacun des points pressés ne tarde pas à noircir et à entrer en décomposition.

Cueillette des fruits.

Le moment favorable pour faire la cueillette des fruits à pepins peut varier suivant la nature de ceux-ci et suivant aussi le but que l'on se propose. Mais dans tout état de choses, et quoi qu'il en soit, une condition essentielle qu'on doit toujours observer c'est de pratiquer cette opération lorsque les fruits sont bien ressuyés, c'est-à-dire qu'ils sont aussi secs que possible.

Les fruits d'été ou ceux qui *passent* vite doivent toujours être cueillis un peu avant leur parfaite maturité, tandis que ceux qui doivent être conservés longtemps, par exemple les « fruits d'hiver », doivent rester sur l'arbre jusqu'à ce qu'ils soient bien mûrs ; autrement ils se rident et perdent de « l'œil » par conséquent de la vente, et même un peu de leur qualité.

Outre le facies des fruits qui par des légers changements dans la couleur annonce que leur maturité

est sur le point de s'accomplir il y a cet autre caractère qui porte sur l'attache du fruit et fait que, au
moindre effort que l'on fait, la queue se sépare de la
branche à laquelle elle était fixée, ce qui annonce que
le fruit, qui alors ne prend plus de nourriture de l'arbre, a acquis tout son développement et qu'il va entrer dans cette autre phase qui, dans un temps plus
ou moins long suivant sa nature, l'amènera au point
où il convient de le consommer.

Tout ce qui vient d'être dit dans ce chapitre se rap-
porte à peu près exclusivement aux pommiers et aux
poiriers tout particulièrement. Quant aux autres fruits,
ne devant qu'à de très rares exceptions près, être conservés, on les cueille quand ils ont atteint les qualités que l'on recherche pour en tirer le meilleur parti.
C'est donc l'intérêt qui décide.

CONCLUSION.

En écrivant ce livre nous avons cherché à démontrer : 1° les avantages qu'il y aurait à multiplier plus qu'on est dans l'habitude de le faire les arbres fruitiers par semis; 2° quels sont les moyens les plus convenables et surtout les plus prompts pour obtenir les résultats que l'on recherche dans ces circonstances.

Avons-nous atteint le but? Nous n'avons pas la prétention de le croire, mais ce que nous croyons pouvoir affirmer c'est d'avoir ouvert une voie que, nous l'espérons, d'autres suivront avec succès et arriveront à des résultats qui, en justifiant et confirmant nos prévisions, démontreront que c'est par la science unie à la pratique qu'on peut arriver à des améliorations sérieuses.

Nous croyons aussi pouvoir répondre à cette observation que plusieurs personnes nous ont faite : « Mais à quoi bon, aujourd'hui, faire des semis d'arbres fruitiers? n'en avons-nous pas assez dans tous les genres, et même beaucoup trop de variétés dans certains de ceux-ci où il en existe déjà tant de similaires qui occasionnent des confusions, etc., etc.? »

A ceci nous répondons d'abord : « Des variétés *si-*

9

milaires? » C'est possible ; *identiques?* Non! Jamais! Car quelque semblable à une autre que puisse être une variété quelconque, elle *n'y est pas identique,* elle a un tempérament particulier qui lui permet de vivre dans des conditions spéciales, là où d'autres ne viendraient pas ; puis elle possède des propriétés particulières, par exemple soit d'être plus productive, moins sujette à certaines influences défavorables à d'autres variétés plus robustes, etc. En un mot, elle a des qualités *qu'aucune autre n'a,* ni *ne peut avoir!*

De plus encore pourquoi n'obtiendrait-on pas mieux que ce que l'on possède? Où, dans ces circonstances, est la limite du possible? Cette limite n'existe pas!

Mais ce qu'il ne faut surtout pas oublier non plus, c'est que tous les êtres, les végétaux comme les animaux, suivent la loi fatale : ils *apparaissent, progressent, s'affaiblissent,* puis *meurent* plus ou moins vite, toutefois, suivant leur nature ; et pour ne citer parmi les végétaux que quelques exemples aujourd'hui incontestables, nous rappelons les poires de *Saint-Germain, Beurré d'Aremberg, Crassane, Bon chrétien d'hiver, Doyenné d'hiver, beurré d'Angleterre,* et une quantité infinie d'autres qui sont devenues très délicates ou qui périclitent, ne donnent presque plus de fruits et encore petits et mal faits, pierreux, etc.

Donc, là où il se forme *constamment* des lacunes il faut aussi les combler constamment! Là où il y a toujours des décès s'il n'y avait pas aussi constamment des naissances, on verrait apparaître le néant, c'est-à-dire le vide, dont la nature, dit-on, a « horreur. »

En ce qui concerne les arbres fruitiers, imitons celle-ci. Donc pas de vide ; pour cela, semons sans cesse !

Une dernière observation : On pourrait peut-être

aussi, sinon nous reprocher, du moins trouver singulier que, comme arbres fruitiers nous ayons fait entrer certains genres, tels que : *Vaccinium, Pernettya, Gaultheria, Arctostaphylos,* etc., etc., qui, à ce point de vue semblent en effet n'avoir qu'un mérite très contestable; et d'une autre part, d'en avoir indiqué d'autres qui, outre la médiocrité de leurs fruits, ne vivent même pas en pleine terre sous le climat de Paris, tels que : Benthamias, Pistachiers, Caroubiers, Eugenias, etc. A cette observation qui serait fondée assurément, nous pourrions cependant répondre que notre but, tout en cherchant à améliorer tout ce que nous possédons, est aussi de créer de nouvelles ressources à l'aide de choses que l'on dédaigne parce qu'on les considère comme dépourvues de valeur et qu'alors on laisse perdre, cela en nous appuyant sur ce fait incontestable que toute plante qui, à l'état sauvage, présente déjà des avantages, quelque petits soient-ils, peut être améliorée par la culture. Nous pourrions citer comme exemples beaucoup de nos légumes, certaines plantes d'ornement et même quelques-uns de nos arbres fruitiers dont les types sauvages sont à peu près complètement dépourvus de mérite si on les compare à leurs descendants qui ornent nos jardins, alimentent nos cuisines, ou qui font la richesse de nos vergers.

Quant à ce qui concerne la rusticité, considérant non seulement la France toute entière, mais l'Algérie française, nous avons, parmi les espèces exotiques, choisi celles qui nous ont paru présenter quelques avantages dans ces conditions exceptionnelles, ou bien qui, à l'aide de soins spéciaux ou même naturellement, peuvent fructifier dans nos serres et qui, malgré qu'on ne puisse les considérer comme plantes économiques, produisent néanmoins des fruits qui, bien que ne pouvant être comparés à ceux de nos vergers, n'ajoutent pas moins à nos jouissances.

Mais d'une autre part, n'y a t-il pas des terrrains qui, soit par leur nature, leur exposition ou par des circonstances particulières, sont impropres à la culture des arbres fruitiers proprement dits, mais dont on pourrait tirer parti à l'aide des espèces en question? Et alors, dans des conditions aussi déshéritées, là où l'on n'avait rien, ne serait-ce pas déjà un bien de pouvoir obtenir quelque chose, fût-ce même d'une faible valeur relative?

Produire davantage et meilleur là où il y a déjà beaucoup, tout en cherchant à donner un peu là où tout manque : telle est la tâche que l'homme doit s'imposer.

Augmenter les jouissances c'est agrémenter la vie. Si ces tentatives peuvent être regardées comme un tort : eh bien, nous n'hésitons pas à dire: « CE TORT, NOUS L'AVONS ! ! !

FIN.

TABLE DES MATIÈRES

PAR ORDRE DES PARAGRAPHES.

LIVRE PREMIER.

LIVRE SECOND.

Description des espèces.

TABLE GÉNÉRALE,

PAR ORDRE ALPHABÉTIQUE.

Les noms *latins* des genres sont en italique.

A

D

E

M

N

O

P

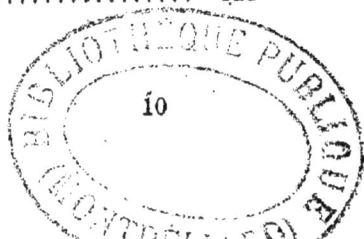

10

OUVRAGES DU MÊME AUTEUR.

Traité des pépinières, in-18, accompagné de figures explicatives intercalées dans le texte. Deuxième édition.................... 1 fr. 25

Guide du jardinier multiplicateur, ou Art de propager les Végétaux par semis, boutures, greffes, etc. In-18 de 400 pages. Deuxième édition revue, corrigée et considérablement augmentée, avec un grand nombre de gravures.. 3 fr. 50

Traité général des Conifères (*épuisé*).

Les arbres et la civilisation, ouvrage d'économie philosophique, politique et sociale. 1 vol. in-8° de 416 pages.................... 5 fr.

Entretiens familiers sur l'horticulture, ouvrage honoré d'une médaille d'or par la Société impériale et centrale d'Horticulture de la Seine. 1 vol. in-18 de 306 pages............................... 3 fr. 50

Considérations générales sur l'espèce, brochure grand in-8° (*épuisé*).

Nomenclature des Pêchers et des Brugnonniers, br. in-8°. 1 fr.

Réfutation de divers articles de M. le Dr Jules Guyot sur la culture de la vigne, broch. in-8° (*épuisé*).

Encyclopédie horticole, ouvrage contenant les principaux termes employés en botanique, en horticulture, en sylviculture et en agriculture, etc., l'indication des divers procédés de culture et de multiplication des végétaux, le nom des insectes les plus préjudiciables à ces derniers, ainsi que le moyen de les combattre, etc., etc. 1 volume in-18 de 588 pages.. 3 fr. 50

Le Fatum, broch. grand in-8°. Ouvrage de philosophie politique (*épuisé*).

La Vigne, 1 volume in-12 de 380 pages et 120 gravures...... 3 fr. 50

Production et fixation des variétés dans les végétaux, brochure grand in-8° à 2 colonnes, avec une gravure coloriée et des gravures noires intercalées dans le texte........................... 2 fr.

Description et classification des variétés de Pêchers et de Brugnonniers précédées d'un aperçu généalogique du groupe Pêcher, avec une planche double indiquant la marche évolutive qu'il a suivie. Brochure grand in-8° à deux colonnes.............................. 2 fr.

Origine des plantes domestiques, in-8° de 24 pages avec 7 gr. 1 fr.

Mélanges philosophiques, vol. in-8° (*épuisé*).

Histoire et culture du Lilium auratum (*épuisé*).

Le Divorce comme base de la morale, in-18 de 334 pages.... 3 fr.

Revue du genre Retinospora, in-8°, extrait de la *Revue horticole*, avec 9 figures.. 1 fr.

Un peu de tout, ouvrage de philosophie sociale. 1 vol. in-18... 3 fr.

www.ingramcontent.com/pod-product-compliance
Lightning Source LLC
Chambersburg PA
CBHW071838200326
41519CB00016B/4166